BestMasters

Mit „BestMasters" zeichnet Springer die besten Masterarbeiten aus, die an renommierten Hochschulen in Deutschland, Österreich und der Schweiz entstanden sind. Die mit Höchstnote ausgezeichneten Arbeiten wurden durch Gutachter zur Veröffentlichung empfohlen und behandeln aktuelle Themen aus unterschiedlichen Fachgebieten der Naturwissenschaften, Psychologie, Technik und Wirtschaftswissenschaften.

Die Reihe wendet sich an Praktiker und Wissenschaftler gleichermaßen und soll insbesondere auch Nachwuchswissenschaftlern Orientierung geben.

Adrian Wolf

Modellierungen zur Kristallzüchtung von CrSb$_2$ und UPTe

Ein Beitrag zur rationalen Syntheseplanung

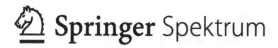

Adrian Wolf
Senftenberg, Deutschland

BestMasters
ISBN 978-3-658-16628-1   ISBN 978-3-658-16629-8   (eBook)
DOI 10.1007/978-3-658-16629-8

Die Deutsche Nationalbibliothek verzeichnet diese Publikation in der Deutschen National-
bibliografie; detaillierte bibliografische Daten sind im Internet über http://dnb.d-nb.de abrufbar.

Springer Spektrum

Springer Spektrum ist Teil von Springer Nature
Die eingetragene Gesellschaft ist Springer Fachmedien Wiesbaden GmbH
Die Anschrift der Gesellschaft ist: Abraham-Lincoln-Str. 46, 65189 Wiesbaden, Germany

Danksagung

Als erstes möchte ich mich bei Prof. Schmidt für die Bereitstellung dieses interessanten Themas, die ständige Diskussionsbereitschaft und Hilfestellung bei der Bearbeitung sowie die Motivierung während der gesamten Arbeit bedanken.

Mein weiterer Dank gilt Prof. Acker für die Übernahme des Zweitgutachtens dieser Arbeit.

Weiterhin danke ich der gesamten Arbeitsgruppe Anorganische Festkörper und Materialien für die gute Zusammenarbeit sowie meinen Kommilitonen.

Zum Schluss möchte ich mich bei meinen Eltern für ihre Unterstützung während des gesamten Studiums bedanken.

Inhaltsverzeichnis

Abbildungsverzeichnis

Tabellenverzeichnis

Tabellenverzeichnis

Abkürzungsverzeichnis

A, B, C	…Atome beliebiger Elemente
BTU	…Brandenburgische Technische Universität
CALPHAD	…Berechnung von Phasendiagrammen (engl. calculation of phase diagrams)
CTR	…chemische Transportreaktion
CVD	…chemische Gasphasenabscheidung (engl. chemical vapour deposition)
IDMX	…Bezeichnung des Modells der idealen Mischung in *ChemSage* (engl. ideal mixture)
L	…Lösungsmittel
M	…Metallatom
PSE	…Periodensystem der Elemente
RKMP	…*Redlich-Kister-Muggianu*-Polynom
thermodyn.	…thermodynamisch
TU	…Technische Universität
X	…Halogenatom

Symbolverzeichnis

a ...Aktivität

a_j ...Aktivität der Spezies j

a^v, b^v ...Koeffizienten der Temperaturabhängigkeit von L^v ($RKMP$-Modell)

a, b, c ...Koeffizienten der temperaturabhängigen C_p-Funktion in J/(mol·K)

$\overline{AB}, \overline{CB}$ ...Strecke zwischen den Punkten A und B bzw. C und B

b_i, b_l ...Bilanzstoffmenge der Komponente i bzw. des Lösungsmittels l

C_p ...molare Wärmekapazität bei konstantem Druck in J/(mol·K)

d ...Netzebenenabstand im Kristall

$\overline{D_0}$ ...mittlerer Diffusionskoeffizient bei 273 K und 1 atm, $\overline{D_0} = 0{,}025\ \frac{cm^2}{s}$

E ...elektrochemisches Potential in V

F ...$Faraday$-Konstante, F = 96485,3399 C/mol

G^c ...molare freie Enthalpie der kondensierten Phasen in kJ/mol

G^g ...molare freie Enthalpie der gasförmigen Spezies in kJ/mol

G^{sys} ...molare freie Enthalpie des Systems in kJ/mol

ΔG_{ex} ...molare freie Exzessenthalpie in kJ/mol

ΔG_{mix} ...molare freie Mischungsenthalpie in kJ/mol

$\Delta_B G^\circ_T$ ...molare freie Standardbildungsenthalpie in kJ/mol

$\Delta_R H$ ...molare Reaktionsenthalpie in kJ/mol

$\Delta_R H^\circ_T$ ...molare Standardreaktionsenthalpie bei der Temperatur T in kJ/mol

$\Delta_B H^\circ_T$ ...molare Standardbildungsenthalpie bei der Temperatur T in kJ/mol

J ...Fluss einer Komponente durch die Gasphase

J_{ges} ...Gesamtfluss durch die Gasphase

K ...Gleichgewichtskonstante

K_p ...Gleichgewichtskonstante, berechnet aus den Partialdrücken

L^v ...Koeffizienten des RKM-Polynoms

m ...Anzahl der Gasspezies im System

m_i ...Anzahl der die Komponente i enthaltenden Gasspezies im System

$\dot{m}$ ...Transportrate in mg/h

n ...Stoffmenge in mol

n ...beliebige ganze Zahl

$\dot{n}$ ...Transportrate in mol/h

n^g_j ...Stoffmenge der Gasphasenspezies j in mol

n^c_k ...Stoffmenge der kondensierten Spezies k in mol

p ...Druck in bar

$p°$ ...Standarddruck $p° = 1$ bar

p_j ...Partialdruck der Spezies j in bar

p^*_i ...Bilanzpartialdruck der Komponente i in bar

p^*_l ...Bilanzpartialdruck des Lösungsmittels in bar

Δp ...Druckdifferenz in bar

$\sum p$ ...Gesamtdruck in bar

q ...Querschnittsfläche der Transportstrecke in cm^2

r ...Anzahl der kondensierten Phasen im System

R ...universelle Gaskonstante R = 8,314472 J/(mol·K)

s ...Länge der Transportstrecke in cm

$\Delta_R S$ ...molare Reaktionsentropie in J/(mol·K)

$\Delta_R S°_T$ ...molare Standardreaktionsentropie bei der Temperatur T in J/(mol·K)

$\Delta_B S°_T$ ...molare Standardbildungsentropie bei der Temperatur T in J/(mol·K)

t ...Dauer des Transportexperiments in h

T ...Temperatur in K

$\bar{T}$ ...mittlere Temperatur in K

T_{opt} ...optimale Transporttemperatur in K

ΔT ...Temperaturdifferenz in K

u ...Länge des RKM-Polynoms

V ...Volumen in cm^3

w_j ...Transportwirksamkeit der Spezies j

x ...Stoffmengenanteil

x, z   ...Anzahl einer im Molekül enthaltenen Atomsorte

z^c_{ik} ...Anzahl der in der kondensierten Spezies k enthaltenen Atome der Komponente i

z^g_{ij} ...Anzahl der in der Gasphasenspezies j enthaltenen Atome der Komponente i

z^g_{lj} ...Anzahl der in der Lösungsmittelspezies l enthaltenen Atome der Komponente i

ε ...Stationaritätsbeziehung

Θ ...Winkel des einfallenden bzw. gebeugten Röntgenstrahls in °

λ ...Wellenlänge der Röntgenstrahlung in nm

λ_i ...Gasphasenlöslichkeit der Komponente i

$\Delta\lambda$ ...Differenz der Gasphasenlöslichkeiten

μ ...chemisches Potential

$\mu°$ ...chemisches Standardpotential

$\mu°_k$ ...chemisches Standardpotential der kondensierten Spezies k

μ^c_k ...chemisches Potential der kondensierten Spezies k

μ^g_j ...chemisches Potential der Gasphasenspezies j

v ...Stöchiometriekoeffizient

ϑ ...Temperatur in °C

Zusammenfassung

Die vorliegende Arbeit hat sich mit dem Thema der thermodynamischen Modellierung von chemischen Transportreaktionen zur Kristallisation anorganischer Verbindungen befasst. Die ausführliche Beschreibung der möglichen Reaktionsmechanismen bei Gasphasenabscheidungen sollte Beitrag zur rationalen Syntheseplanung in den untersuchten Systemen Cr/Sb und U/Te/P leisten. Innerhalb dieser Stoffsysteme sollte insbesondere das Transportverhalten der Verbindungen $CrSb_2$ bzw. UPTe abgeschätzt werden. Zu dessen Beschreibung wurden die Systeme Cr/Sb/Cl/O, Cr/Sb/I/O sowie U/Te/P/I und U/Te/P/I/O mit Hilfe der Programme *ChemSage* und *TRAGMIN* modelliert und schrittweise optimiert. Dabei gelang es, den Transportmechanismus des Uranphosphidtellurids mit Iod in Übereinstimmung mit bekannten Experimenten aufzuklären. Dagegen wurden Vorhersagen für einen möglichen Transport von $CrSb_2$ im Experiment nicht bestätigt: Ein Transport von Chromdiantimonid unter Zusatz von Chromtrichlorid konnte entgegen experimenteller Befunde in den Rechnungen nicht abgebildet werden. Bei Iod-Zusatz kann ein Transport berechnet werden, die Experimente dazu schlugen jedoch fehl. Im Ergebnis der aufwändigen Modellierungen zeigt sich, dass die Güte der Modellierungen wesentlich von der Kenntnis aller am Stofftransport beteiligten Phasen und der Konsistenz der verwendeten thermo-dynamischen Daten abhängig ist. Im Fazit dieser Arbeit sind vor allem die thermodynamischen Daten der Chromhalogenide und möglicher Chromoxidhalogenide erneut zu prüfen und zu optimieren, um zukünftige Experimente besser planen zu können. Im Weiteren wurden Versuche zur Kristallisation von Chromdiantimonid aus der Schmelze durchgeführt. Dabei konnte bislang lediglich polykristallines $CrSb_2$ erhalten werden. Die gewonnenen Erkenntnisse können auf nachfolgende Arbeiten angewandt werden. Entsprechende Empfehlungen werden gegeben.

1 Einleitung

In der vorliegenden Arbeit geht es um die Modellierung zur Kristallzüchtung zweier ausgewählter anorganischer Materialien. Bevor nun das eigentliche Thema angesprochen wird, sollen zunächst zum besseren Verständnis die verschiedenen Methoden der Kristallzüchtung kurz umrissen werden. Prinzipiell gibt es die Kristallisation aus der flüssigen Phase und aus der Gasphase.

Zur Herstellung kristalliner Materialien aus flüssiger Phase gibt es eine Reihe von Verfahren, die teilweise auch großtechnische Anwendung finden, wie das *Czochalski*-Verfahren zur Herstellung von Silicium-Einkristallen. Weitere Verfahren sind das nach *Bridgman*, welches für verschiedene Stoffe, wie z. B. Ag, Au, Cu und SiAs, eingesetzt werden kann, oder das nach *Verneuil*, was zur Herstellung hochschmelzender oxydischer Kristalle geeignet ist. Soll eine Kristallisation aus einer Lösung erfolgen, unterscheidet man zwei Methoden: die Abkühlungsmethode und die Verdunstungsmethode. Im ersten Fall findet eine Abkühlung der Lösung statt, was mit einer Verringerung der Löslichkeit des zu kristallisierenden Stoffes einhergeht. Es kommt zu einer Übersättigung der Lösung. Bei der Verdunstungsmethoden wird die Übersättigung durch Verdunsten des Lösungsmittels erreicht. In der übersättigten Lösung, also innerhalb des *Ostwald-Miers*-Bereichs, finden dann Keimbildung und Kristallwachstum statt.

Weitere Möglichkeiten bietet die Kristallisation aus der Gasphase. Hier seien vor allem die chemische Gasphasenabscheidung - CVD (engl. Chemical Vapour Deposition) - und der chemische Transport - CTR (Chemische Transport Reaktion) - genannt. Der Fokus in dieser Arbeit liegt auf der chemischen Transportreaktion als Mittel der Wahl zur Kristallzüchtung, was mehrere Ursachen hat. Die Vorteile dieses Verfahrens zeigen sich, wenn eine Kristallisation aus der Schmelze durch hohe Schmelztemperaturen erschwert wird oder aber Verbindungen eine inkongruente Zersetzung aufweisen. Die Kristallisation über die Gasphase kann dabei auch im Existenzbereich der festen Phasen, also unterhalb der Schmelz- oder Zersetzungstemperatur, stattfinden. Allerdings ist das Verhalten bei der Keimbildung und beim Kristallwachstum in Transportreaktionen im Gegensatz zu den Schmelzverfahren noch nicht hinreichend geklärt. Aus diesem Grund beobachtet man oft Nachteile in Hinsicht auf die Kristallgröße und -qualität der abgeschiedenen Kristalle aus CTR-Versuchen.

Der systematische Zugang zu CTR und eine rationale Syntheseplanung ergeben sich aus dem thermodynamischen Ansatz für die Beschreibung der heterogenen Phasenbeziehungen beim Transport. Auf diese Weise lassen sich die Bedingungen für mögliche Experimente voraussagen. Über die Modellierungen lassen sich gleichfalls Aussagen zum Mechanismus erfolgreicher Transport-versuche treffen.

Es gibt verschiedene Einflussfaktoren, die die Qualität und Menge der aus CTR-Versuchen erhaltenen Kristalle beeinflussen. Das Ziel der Arbeitsgruppe *Anorganische Festkörper und Materialien* um Prof. Schmidt ist es unter anderem, diese Einflussgrößen systematisch zu variieren, um das Kristallwachstum besser verstehen zu können. Eine entscheidende Rolle dabei spielt die Keimbildung, die dem Kristallwachstum vorrausgeht und dieses maßgeblich beeinflusst. Hauptaugenmerk dieser Arbeit liegt in der Ermittlung und Überprüfung der thermodynamischen Daten der relevanten Stoffsysteme, damit fundierte Berechnungen zur Vorhersage und Syntheseplanung im Falle von $CrSb_2$ getroffen werden können, und im Falle von UPTe zur Beschreibung der experimentellen Sachverhalte und Klärung des Transportmechanismus.

Konkret soll herausgefunden werden, ob $CrSb_2$ mittels Transportreaktion erhalten werden kann. Von Interesse sind hier Untersuchungen der physikalischen Eigenschaften des Materials, wofür dieses möglichst als Einkristall vorliegen soll. $CrSb_2$ ist ein Halbleitermaterial und daher eventuell für Anwendungen, wie zum Beispiel als Thermoelektrikum, denkbar. Um eine gezielte Synthese des Stoffes in einkristalliner Form vornehmen zu können, wurde in dieser Arbeit das Stoffsystem Cr/Sb auf Basis vorhandener thermodynamischer Daten modelliert und Berechnungen zum Transportverhalten durchgeführt.

Das Interesse an UPTe ist zunächst ein eher akademisches. Bei der systematischen Charakterisierung anorganischer Stoffe sind bereits die meisten ternären Systeme bearbeitet wurden, teilweise auch quaternäre. Über die Stoffgruppe der Phosphidtelluride war jedoch lange Zeit sehr wenig bekannt, sodass das Uranphosphidtellurid der einzige Vertreter blieb, bei dem tatsächlich isolierte Phosphid- und Telluridionen in der Struktur vorliegen. An der Technischen Universität Dresden wurden weitere Vertreter dieser Stoffklasse synthetisiert und untersucht, wobei auch chemische Transportreaktionen eine Rolle spielten. Als Initial zu dieser Arbeit stand lediglich die Aussage, dass der Transport von UPTe unter Zusatz von Iod gut funktioniert. Die Transportbedingungen und der Transportmechanismus konnten jedoch nicht genau benannt werden. Bisherige Berechnungen zum Transport wiesen im Gegensatz zu den experimentellen Belegen zunächst keine Transportierbarkeit aus. Eine Überprüfung der Daten des Stoffsystems schien daher notwendig. Dabei sollte auch geklärt werden, nach welchem Mechanismus (unter Beteiligung welcher Spezies, bei welchen Bedingungen) der Transport erfolgreich verläuft.

Die allgemeine Herangehensweise an derartige thermodynamische Modellierungen wird in dieser Arbeit anhand der beiden genannten Stoffsysteme und in Hinsicht auf die konkreten Fragestellungen erläutert. Schließlich werden Modellrechnungen und Experimente verglichen und Schlussfolgerungen für ein weiteres Vorgehen getroffen.

2 Konzepte und Methoden

2.1 Chemische Transportreaktionen[1]

Eine chemische Transportreaktion lässt sich definieren als heterogene Reaktion eines festen oder flüssigen Bodenkörpers mit einem gasförmigen Stoff unter Bildung nur gasförmiger Produkte. Der Bodenkörper scheidet sich auf Grund der Veränderung des chemischen Gleichgewichts an anderer Stelle wieder ab. Die beiden Gleichgewichtsräume der Auflösung und Abscheidung sind durch eine Gasbewegung direkt miteinander verknüpft. Die Änderung der Gleichgewichtslage wird in der Regel durch eine Temperaturänderung bewirkt. Der Ort der Auflösung wird dabei als Quelle, der der Abscheidung als Senke bezeichnet. Der Bereich niedrigerer Temperatur wird mit T_1 und der höherer Temperatur mit T_2 ($T_2 > T_1$) bezeichnet.

Mit der Reaktion geht eine Reinigung des transportierten Stoffes einher, da in der Regel nur dieser und nicht die möglicherweise enthaltenen Verunreinigungen transportiert werden. Die Abscheidung aus der Gasphase findet in Form von Kristallen statt, sodass mit diesem Verfahren reine, gut kristallisierte Feststoffe und häufig Einkristalle erhalten werden können, welche z. B. zur Bestimmung der Kristallstruktur mittels Röntgenbeugung verwendet werden können.

Praktisch können Transportreaktionen im offenen oder geschlossenen System durchgeführt werden. Im ersten Fall wird dazu das gasförmige Transportmittel in einem kontinuierlichen Strom in einem Glas- oder Keramikrohr über den Bodenkörper geleitet, der sich dann an einer Stelle anderer Temperatur wieder abscheidet. Der Nachteil dieser Methode ist aber der hohe Verbrauch an Transportmittel. Der Transport in einer geschlossenen Ampulle hingegen verlangt nach wesentlich weniger Transportmittel. Hier reichen oftmals wenige Milligramm aus, da das Transportmittel bei der Abscheidung des Bodenkörpers zurückgebildet wird und somit immer wieder in die Reaktion eingreifen kann.

Die Transportreaktionen in dieser Arbeit wurden in evakuierten Quarzglasampullen durchgeführt. Der Temperaturgradient wurde in Zwei-Zonen-Öfen realisiert, in denen jede Zone separat geheizt werden kann. Die Ampullen wurden mittig im Ofen platziert, sodass eine Hälfte in der ersten Zone (Quelle) und die andere Hälfte in der zweiten Zone (Senke) zu liegen kam.

Neben der chemischen Transportreaktion gibt es noch andere Reaktionen, die bei Anlegen eines Temperaturgradienten auftreten können und zu einem Transport über die Gasphase führen. Einfachster Fall wäre hier die Sublimation, bei der ein Feststoff in den gasförmigen Zustand übergeht.

---

[1] Die folgenden Ausführungen wurden mit Hilfe von [1] erstellt.

$$AB_x(s) \rightleftharpoons AB_x(g) \tag{1}$$

Ein weiteres Beispiel ist die Zersetzungssublimation, bei der sich ein Bodenkörper in mehrere Gasspezies zersetzt.

$$AB_x(s) \rightleftharpoons A(g) + x\, B(g) \tag{2}$$

Hat der abgeschiedene Bodenkörper die gleiche Zusammensetzung wie der aufgelöste, so spricht man von einer kongruenten Zersetzungssublimation. Unterscheiden sich die Bodenkörper, handelt es sich um eine inkongruente Zersetzungssublimation.

Bei einem Autotransport wird zunächst eine gasförmige Spezies aus dem Bodenkörper gebildet, wobei dieser keinen transportwirksamen Dampfdruck besitzt. Erst durch die Reaktion der zuvor gebildeten Gasspezies mit dem Bodenkörper entstehen weitere gasförmige Verbindungen, welche den Transport ermöglichen. Ein Beispiel wäre der Transport von $CrCl_3$:

$$CrCl_3(s) \rightleftharpoons CrCl_2(s) + \tfrac{1}{2}\, Cl_2(g) \tag{3}$$

$$CrCl_3(s) + \tfrac{1}{2}\, Cl_2(g) \rightleftharpoons CrCl_4(g) \tag{4}$$

Die Abscheidung von $CrCl_3$ wird schließlich auch im regulären Transport unter externem Zusatz von Cl_2 gemäß Gleichgewicht (4) beobachtet [2].

2.2 Thermodynamik und Modellierung[2]

Voraussetzung für eine Transportreaktion ist, dass alle gebildeten Reaktionsprodukte bei den gegebenen Reaktionsbedingungen gasförmig sind. Weiterhin darf die Gleichgewichtslage der Reaktion nicht extrem sein. Das heißt, der Wert der freien molaren Reaktionsenthalpie sollte im Bereich von -100 kJ/mol ... $+100$ kJ/mol und die Gleichgewichtskonstante K_p im Bereich von 10^4 bar ... 10^{-4} bar liegen. Die Richtung des Transportes ergibt sich aus der molaren Reaktionsenthalpie. Ist diese positiv, resultiert ein endothermer Transport, das heißt ein Transport vom Ort höherer Temperatur zum Ort niedrigerer Temperatur ($T_2 \rightarrow T_1$). Ist die Reaktionsenthalpie negativ, liegt ein exothermer Transport vor, dessen Richtung entgegen des Temperaturgradienten verläuft ($T_1 \rightarrow T_2$).

Zwischen den heterogenen Gleichgewichtsreaktionen der Auflösung und Abscheidung des Bodenkörpers erfolgt die Gasbewegung. Bei Drücken um 1 bar

---

[2] Die folgenden Ausführungen wurden mit Hilfe von [1] erstellt.

ist diese vorwiegend durch Diffusion bestimmt. Da die Diffusion im Allgemeinen am langsamsten abläuft, ist sie der geschwindigkeitsbestimmende Schritt und die Kinetik der ablaufenden heterogenen Reaktionen kann vernachlässigt werden. Diffusion tritt auf, wenn ein räumlicher Aktivitätsgradient vorliegt, wobei dieser auch als Konzentrations- bzw. bei der Betrachtung von Gasen als Partialdruck-gradient ausgedrückt werden kann. Hervorgerufen wird der Gradient meist durch Anlegen eines Temperaturgradienten, hier durch die Verwendung von Zwei-Zonen-Öfen mit unterschiedlichen Temperaturbereichen realisiert. Bei höheren Drücken ab ca. 3 bar wird der Stofftransport in der Gasphase vor allem durch Konvektion realisiert.

Ein Transport kann prinzipiell erst stattfinden, wenn eine ausreichend große Partialdruckdifferenz zwischen Quelle und Senke gegeben ist ($\Delta p \geq 10^{-5}$ bar). Optimale Bedingungen für den Transport können nach der Gleichung von van't Hoff bestimmt werden.

$$lnK = -\frac{\Delta_R H}{R \cdot T} + \frac{\Delta_R S}{R} \qquad (5)$$

Da der größte Transporteffekt bei $K_p = 1$ zu erwarten ist, folgt

$$T_{opt} = \frac{\Delta_R H}{\Delta_R S} \qquad (6)$$

Reaktionsenthalpie und -entropie berechnen sich dabei nach dem Satz von *Hess* aus der jeweiligen Transportreaktionsgleichung.

Eine wichtige Rolle spielt die Wahl des Transportmittels. Da der Bodenkörper bzw. einzelne Verbindungen oder Elemente des Bodenkörpers meist eine zu geringe Flüchtigkeit aufweisen, dient das Transportmittel dazu, entsprechende gasförmige Spezies zu generieren. Eine gängige Methode ist der Zusatz von Halogenen zum Stoffsystem, sodass während des Transportes flüchtige Halogenverbindungen entstehen. Das Halogen kann selbst als Transportmittel wirken oder im ersten Schritt der Reaktion eine Halogenverbindung generieren, welche im Weiteren als Transportmittel fungiert. Dabei ist zu beachten, dass die Partialdruckdifferenz dieser Spezies zwischen Quelle und Senke ausreichend groß ist, damit jeweils die Auflösung bzw. Abscheidung des Bodenkörpers begünstigt wird. Zudem darf das Transportmittel selbst nicht auskondensieren, da es dann nicht mehr für den Transport zur Verfügung stehen würde und dieser damit zum Erliegen käme. Die Gasphasenlöslichkeit λ dient hierbei als Maß der Flüchtigkeit der einzelnen Komponenten des Systems und ist das Analogon zur Löslichkeit eines Stoffes in einer Flüssigkeit, wie beispielsweise Natriumchlorid in Wasser. Das Lösungsmittel bei der Gasphasenlöslichkeit ist, wie der Name schon sagt, die gesamte Gasphase, also alle Spezies, die gasförmig im System vorliegen. Die Löslichkeit einer Komponente berechnet sich nun aus dem Verhältnis der

Partialdrücke der Spezies, die die betreffende Komponente enthalten, zu den Partialdrücken aller gasförmigen Spezies.

$$\lambda_i = \frac{p_i^*}{p_l^*} = \frac{\sum_{j=1}^{m_i} z_{ij}^g \cdot p_j}{\sum_{j=1}^{m} z_{lj}^g \cdot p_j} \tag{7}$$

p_i^*, p_l^* ...Bilanzpartialdruck der betrachteten Atome i bzw. des Lösungsmittels l

z_{ij}^g, z_{lj}^g ...Anzahl der in der Gasspezies j enthaltenen Atome der Komponente i bzw. des Lösungsmittels l

p_j ...Partialdruck der Spezies j

An einem Beispiel soll der Zusammenhang veranschaulicht werden. Dazu wird Gleichung (4) herangezogen und die Gasphasenlöslichkeit der Komponente Cr wie folgt aufgestellt:

$$\lambda_{Cr} = \frac{p_{CrCl_4}}{2 \cdot p_{Cl_2} + 4 \cdot p_{CrCl_4}} \tag{8}$$

Da die Partialdrücke temperaturabhängig sind, ist auch die Gasphasenlöslichkeit von der Temperatur abhängig. Mit Hilfe des Löslichkeitsbegriffes kann schließlich auch die Richtung des Transportes ermittelt werden. Die Löslichkeit ist auf Seiten der Senke kleiner als auf der Seite der Quelle, sodass sich der Bodenkörper in der Senke abscheidet. Je nachdem ob sich die Löslichkeit mit steigender Temperatur erhöht oder verringert, verläuft der Transport endotherm bzw. exotherm.

Mit Hilfe der *Schäfer*'schen Transportgleichung kann die Menge des transportierten Stoffes A als Transportrate $\dot{n}$ für einfache Verhältnisse berechnet werden:

$$\dot{n}(A) = \frac{n(A)}{t} = \frac{\nu_A}{\nu_C} \cdot \frac{\Delta p(C)}{\sum p} \cdot \frac{\bar{T}^{0,75} \cdot q}{s} \cdot 0,6 \cdot 10^{-4} \frac{mol}{h} \tag{9}$$

t ...Dauer des Transportexperiments in h

ν_A, ν_C ...Stöchiometriekoeffizienten der Transportgleichung $\nu_A A(s) + \nu_B B(g) \rightleftharpoons \nu_C C(g) + ...$

$\Delta p(C)$ ...Partialdruckdifferenz der transportwirksamen Spezies C in bar

$\sum p$ ...Gesamtdruck in bar

$\bar{T}$ ...mittlere Temperatur, $\bar{T} = \frac{T_{Quelle} + T_{Senke}}{2}$

q ...Querschnitt der Transportstrecke

s ...Länge der Transportstrecke

2.3 Modellierung chemischer Transporte[3]

Die Kenntnis der chemischen Reaktion, welche für den Transport verantwortlich ist, ist Voraussetzung für eine korrekte Beschreibung durch thermodynamische Betrachtungen. Nur kann nicht immer aus einem geglückten Transportexperiment auf die tatsächliche Reaktion geschlossen werden, da die Verhältnisse während des Transportes überaus komplex sein können. Die Beschreibung und Vorhersage von Transportreaktionen können mit verschiedenen Computerprogrammen vorgenommen werden. Der Vorteil besteht zum einen in der schnellen Berechnung der Bedingungen und, vor allem, in der Berücksichtigung einer großen Anzahl unterschiedlicher Spezies gleichzeitig. Daraus ergibt sich die Konsequenz, dass der Anwender entsprechende Kenntnis aller möglichen Verbindungen und deren thermodynamischer Eigenschaften besitzen muss. Das Verständnis der Transportreaktion ermöglicht im Anschluss eine gezielte Planung und Durchführung von Experimenten sowie die Vermeidung oder zumindest Begrenzung oft teurer Trial-and-Error-Verfahren.

Mit *TRAGMIN* können Berechnungen von **TRA**nsport-**G**leichgewichten durch die **MIN**imierung der freien Enthalpie durchgeführt werden. Das Programm berechnet dabei die im Gleichgewicht vorhandenen kondensierten Phasen und deren Anteil an der Gesamtstoffbilanz sowie die Zusammensetzung der darüber befindlichen Gasphase. Über ein Zweiraum-Modell kann außerdem der Gasphasentransport berücksichtigt werden. Das verwendete Lösungsverfahren beruht auf der Minimierung der freien Enthalpie des Systems nach *Eriksson* [4]. Für das geschlossene System müssen die Temperatur T und das Volumen V vorgegeben werden. Die Gesamtstoffmenge b_i einer Komponente i bleibt konstant. Die freie Enthalpie des Systems G^{sys} setzt sich dann aus den freien Enthalpien der Gasphase G^g und der kondensierten Phase G^c zusammen.

$$G^{sys} = G^g + G^c \tag{10}$$

$$G^g = \sum_{j=1}^{m} n_j^g \cdot \mu_j^g \tag{11}$$

$$G^c = \sum_{k=1}^{r} n_k^c \cdot \mu_k^c \tag{12}$$

Dabei ist m die Anzahl der Gasspezies, r die Anzahl der kondensierten Phasen, n die Stoffmenge und μ das chemische Potential der jeweiligen Gasspezies j bzw. kondensierten Phase k. Werden Phasen mit variabler Zusammensetzung bzw. Homogenitätsbereichen betrachtet, so muss deren Beitrag zur freien Enthalpie des Systems ebenfalls berücksichtigt werden. Da dies aber in den folgenden

---

[3] Die folgenden Ausführungen wurden mit Hilfe von [1] und [3] erstellt.

Betrachtungen nicht der Fall ist, wird dieser Term hier vernachlässigt. In der Software ist allerdings auch die Möglichkeit, Phasen mit variabler Zusammensetzung anzugeben, implementiert. Es gilt weiterhin für die Gesamtstoffmenge einer Komponente folgende Bilanz b aus Gas- und kondensierter Phase:

$$b_i = \sum_{j=1}^{m} z_{ij}^g \cdot n_j^g + \sum_{k=1}^{r} z_{ik}^c \cdot n_k^c \tag{13}$$

Hierbei ist z die Anzahl der Atome des Elementes i in der Gasspezies j bzw. der kondensierten Spezies k.

Das chemische Potential ist durch

$$\mu = \mu^\circ + R \cdot T \cdot ln(a) \tag{14}$$

gegeben. Da für die Gasphase ideales Verhalten angenommen wird gilt

$$a_j = p_j = \frac{n_j^g}{\sum_{j=1}^{m} n_j^g} \cdot \sum_{j=1}^{m} p_j \tag{15}$$

Auch die kondensierten Phasen werden als ideal angesehen, wodurch deren Aktivität $a = 1$ wird. Daraus ergibt sich

$$\mu_k^c = \mu_k^\circ \tag{16}$$

Die chemischen Potentiale μ können den freien Bildungsenthalpien G der einzelnen Spezies gleichgesetzt werden, wenn Druck und Temperatur konstant sind. Da im betrachteten Fall Volumen und Temperatur konstant sind, müsste eigentlich die freie Energie dem chemischen Potential entsprechen. Der resultierende Fehler ist aber vernachlässigbar. Die molare freie Standard-bildungsenthalpie ist gegeben durch:

$$\Delta_B G_T^\circ = \Delta_B H_T^\circ - T \cdot \Delta_B S_T^\circ \tag{17}$$

Sie setzt sich zusammen aus der molaren Standardbildungsenthalpie $\Delta_B H^\circ$, der molaren Standardbildungsentropie $\Delta_B S^\circ$ sowie der Temperatur T. Nach den *Kirchhoff*'schen Gesetzen kann die Temperaturabhängigkeit dieser Größen ausgedrückt werden als:

$$\Delta_B H_T^\circ = \Delta_B H_{T_0}^\circ + \int_{T_0}^{T} C_p(T) \cdot dT \tag{18}$$

$$\Delta_B S_T^\circ = \Delta_B S_{T_0}^\circ + \int_{T_0}^T \frac{C_p(T)}{T} \cdot dT \tag{19}$$

C_p ist die Wärmekapazität, deren temperaturabhängiger Verlauf über ein Polynom angepasst werden kann. In der Literatur werden verschiedene Polynome angegeben, das von *TRAGMIN* verwendete ist folgendes:

$$C_p(T) = a + b \cdot 10^{-3} \cdot T + c \cdot 10^5 \cdot T^{-2} \tag{20}$$

Zur Berechnung des Transportverhaltens wird das Erweiterte Transportmodell von *Krabbes, Oppermann* und *Wolf* verwendet [5]. Die beiden Gleichgewichtsräume von Quelle und Senke werden durch eine Flussbeziehung durch die Gasphase miteinander verbunden. Zu Beginn des Transports kommt es zur Gleichgewichtseinstellung zwischen Bodenkörper und Gasphase. In Folge dessen bildet sich ein stationärer Zustand aus, der durch einen konstanten Massetransport von der Quelle zur Senke geprägt ist. Gegeben sei zur Veranschaulichung der Bodenkörper AB_x der durch das Transportmittel L in die Gasphase überführt wird:

$$AB_x(s) + L(g) \rightleftharpoons AL(g) + x\,B(g) \tag{21}$$

In der Senke scheidet sich ein Bodenkörper ab, dessen Zusammensetzung von der der Gasphase abweicht. Das bedeutet, dass sich die Gasphasenzusammensetzungen bzw. Stoffmengenverhältnisse der Gasphasen $n(A)/n(B)$ von Quelle und Senke unterscheiden. Die Stoffmengendifferenz wird als Fluss J bezeichnet.

$$\left(\frac{n(B)}{n(A)}\right)_{T_{Senke}} = \frac{J(B)}{J(A)} = x_{Senke} \tag{22}$$

Die Zusammensetzung des Bodenkörpers auf der Senkenseite x_{Senke} wird also letztendlich durch das Verhältnis der Flüsse von A und B bestimmt. Die Flüsse können durch die Gasbewegung, welche nur auf Diffusion beruht, beschrieben werden. Dafür wird für jede Gasspezies ein einheitlicher, gemittelter Diffusionskoeffizient $\overline{D_0}$ angenommen.

$$J(A) = \frac{p_A^*}{\sum p} \cdot J_{ges} - \frac{\overline{D_0}}{R \cdot T} \cdot \frac{dp_A^*}{ds} \tag{23}$$

Die Betrachtung beider Komponenten A und B des Systems sowie die Annahme, dass das Transportmittel selbst keinen Fluss aufweist ($J(L) = 0$), liefert die Stationaritätsbeziehung ε.

$$\varepsilon = \left[\frac{p_B^* - x_{Senke} \cdot p_A^*}{p_L^*}\right]_{Quelle} = \left[\frac{p_B^* - x_{Senke} \cdot p_A^*}{p_L^*}\right]_{Senke} \tag{24}$$

Dabei bezeichnet p^* den Bilanzdruck der jeweiligen Komponente A, B bzw. des Transportmittels oder Inertgases L. Durch Umstellen der Beziehung werden zunächst die Differenzen zwischen Quelle und Senke erhalten, die den Transport abbilden. Weiterhin kann daraus die Zusammensetzung des Bodenkörpers in der Senke bestimmt werden.

$$\left[\frac{p_B^*}{p_L^*}\right]_{Quelle} - \left[\frac{p_B^*}{p_L^*}\right]_{Senke} = x_{Senke} \cdot \left\{\left[\frac{p_A^*}{p_L^*}\right]_{Quelle} - \left[\frac{p_A^*}{p_L^*}\right]_{Senke}\right\} \tag{25}$$

$$\frac{\left[\frac{p_B^*}{p_L^*}\right]_{Quelle} - \left[\frac{p_B^*}{p_L^*}\right]_{Senke}}{\left[\frac{p_A^*}{p_L^*}\right]_{Quelle} - \left[\frac{p_A^*}{p_L^*}\right]_{Senke}} = \frac{\Delta\lambda_B}{\Delta\lambda_A} = x_{Senke} \tag{26}$$

Liegen i Komponenten im Bodenkörper vor, müssen $i - 1$ Flussbeziehungen aufgestellt werden.

Zur Beschreibung von Transporten spielt, wie im Vorfeld bereits angedeutet, die Gasphasenlöslichkeit eine wichtige Rolle. Sie ist analog zur Löslichkeit eines Feststoffes in einer Flüssigkeit zu verstehen. Die Löslichkeit der Komponente i wird dabei ausgedrückt über den Quotienten der Summe der Stoffmengen der i enthaltenden Gasspezies und der Summe der Stoffmengen aller Gasspezies.

$$\lambda_i = \frac{b_i}{b_l} = \frac{\sum_{j=1}^{m_i} z_{ij}^g \cdot n_j^g}{\sum_{j=1}^{m} z_{lj}^g \cdot n_j^g} \tag{27}$$

Dabei muss jeweils noch die Anzahl von i-Atomen in den Gasspezies berücksichtigt werden bzw. die Anzahl an Lösungsmittelatomen l. Da Temperatur und Volumen konstant sind können die Stoffmengen durch die Partialdrücke ersetzt werden.

$$\lambda_i = \frac{p_i^*}{p_l^*} = \frac{\sum_{j=1}^{m_i} z_{ij}^g \cdot p_j}{\sum_{j=1}^{m} z_{lj}^g \cdot p_j} \qquad\qquad \text{vgl. (7)}$$

Aus der Stationaritätsbeziehung erhält man zunächst Informationen darüber, in welchem Maße einzelne Komponenten in die Senke überführt werden. Betrachtet man nicht die Bilanzdrücke sondern die Partialdrücke p_j, sind Rückschlüsse auf die Flüsse einzelner Gasspezies, bezeichnet als Transportwirksamkeit, möglich.

Mit dieser Größe kann der Anteil einer Spezies am Transport geklärt werden, was Rückschlüsse auf den Transportmechanismus erlaubt. *TRAGMIN* berechnet die Transportwirksamkeiten w der Spezies j über die Differenz deren Partialdrücke auf der Quellen und Senkenseite.

$$w_j = \left(\frac{p_j}{p_l^*}\right)_{Quelle} - \left(\frac{p_j}{p_l^*}\right)_{Senke} \tag{28}$$

Besitzt eine Spezies eine Transportwirksamkeit von $w_j > 0$, wird sie auf der Quellenseite gebildet und zeigt einen Fluss zur Senkenseite. Sie ist damit für die räumliche Überführung einer Komponente verantwortlich und wird daher als transportwirksam bezeichnet. Im umgekehrten Fall, also bei $w_j < 0$, wird die Gasspezies in der Quelle verbraucht und in der Senke wieder freigesetzt. Es handelt sich hierbei also um das Transportmittel.

Die pro Zeiteinheit transportierte Stoffmenge des Bodenkörpers, also die Transportrate, berechnet *TRAGMIN* abweichend von Gleichung (9) nach folgender Beziehung:

$$\dot{n}(A) = \frac{\overline{D_0} \cdot \overline{T}^{0,8} \cdot q}{s \cdot \Sigma_{j=1}^{m} p_j} \cdot 1{,}8 \cdot 10^{-3} \frac{mol \cdot s}{cm^3 \cdot h \cdot K^{0,8}} \cdot p_l^* \cdot \left(\lambda_{A,Quelle} - \lambda_{A,Senke}\right) \tag{29}$$

$\overline{D_0}$ ...mittlerer Diffusionskoeffizient bei 273 K und 1 atm, $\overline{D_0} = 0{,}025 \frac{cm^2}{s}$

$\overline{T}$ ...mittlere Temperatur, $\overline{T} = \frac{T_{Quelle} + T_{Senke}}{2}$

q ...Querschnitt der Transportstrecke

s ...Länge der Transportstrecke

Das Programm *ChemSage* verwendet prinzipiell denselben Algorithmus zur Minimierung der freien Enthalpie wie *TRAGMIN*. Transportrechnungen sind hier jedoch nicht implementiert. Allerdings bietet die Software unter anderem die Möglichkeit binäre Phasendiagramme zu modellieren und experimentell ermittelten Daten zu optimieren. Beide Programme benötigen für die Berechnungen die thermodynamischen Standarddaten der einzelnen Spezies. Für Transportrechnungen in geschlossenen Ampullen, wie sie für diese Arbeit eingesetzt wurden, werden weiterhin deren Abmessungen benötigt.

2.4 Abschätzung thermodynamischer Daten und Konsistenzprüfung des Datensatzes

Zur Modellierung des Transportverhaltens eines Systems müssen die Standardbildungsenthalpien, Standardentropien und Wärmekapazitätsfunktionen aller beteiligten Phasen bekannt sein. Viele dieser Daten wurden bereits experimentell ermittelt und in Tabellenwerken zusammengefasst. Sollten keine Daten in der Literatur zu finden sein, kann eine Abschätzung vorgenommen werden.

Für die Abschätzung von Standardbildungsenthalpien existieren keine allgemein gültigen Regeln. Ist eine Verbindung stabil, so muss ihre Standardbildungsenthalpie kleiner Null sein ($\Delta_B H^\circ < 0$). Eine Schätzung kann aus den Elementen erfolgen, aus denen die Verbindung besteht. Besser eignen sich die binären Randphasen, wenn es sich um ternäre oder polynäre Verbindungen handelt (siehe dazu auch Abb. 1 und Abb. 2). Betrachtet man beispielsweise die Bildung eines ternären Oxids in einer Festkörperreaktion, so hängt die Reaktionsenthalpie von den Säure/Base-Eigenschaften der reagierenden Edukte ab.

$$AO_x(s) + BO_y(s) \rightarrow ABO_{x+y}(s) \tag{30}$$

Allgemein gilt, wenn die Differenz der Elektronegativitätswerte beider Oxide groß ist, ist auch der Wert für die Reaktionsenthalpie hoch, und umgekehrt. Nach statistischer Auswertung ergibt sich eine allgemeine Regel, dass die Reaktionsenthalpie der Reaktion zweier Übergangsmetalloxide gemäß Gleichung (30) ca. -40 ± 20 kJ/mol beträgt [6].

Gute Schätzwerte ergeben sich innerhalb homologer Reihen oder aus chemisch bzw. strukturell ähnlichen Verbindungen. Zudem ist es sinnvoll, mehrere dieser Schätzmethoden zu kombinieren, um die Unsicherheit zu verringern.

Etwas einfacher, da einem simplen Zusammenhang folgend, gestaltet sich die Abschätzung von Wärmekapazitäten und Entropien. Diese können für Verbindungen nach der Regel von *Neumann-Kopp* aus der Summe der Werte der jeweiligen einzelnen Bestandteile der Verbindung zusammengesetzt werden [1]. So setzt sich die Entropie einer binären Verbindung AB aus den Entropien der beteiligten Elemente A und B zusammen, die Entropie einer komplexeren Verbindung A_2BC aus den Werten der Randphasen AB und AC. Neben dieser Methode können Entropien ebenso abgeschätzt werden wie Enthalpien, nämlich aus ähnlichen Verbindungen. In jedem Fall sollte nach erfolgter Abschätzung aller benötigten Werte sämtlicher zu betrachtenden Phasen die Konsistenz des Datensatzes überprüft werden.

Bevor Modellrechnungen zum System durchgeführt werden, gilt es zu überprüfen, ob die ermittelten Daten in sich stimmig sind. Dies ist besonders wichtig, wenn die Daten aus verschiedenen Quellen oder Messverfahren stammen. Ein Messwert, der mit Methode 1 erhalten wurde, kann sich teilweise deutlich von einem Messwert nach Methode 2 unterscheiden. Normiert man die Enthalpien und Entropien für Verbindungen AB, A_2B_3, AB_2 usw. auf ein Mol in der Summe aller Komponenten, also Division der Werte durch 2, 5, 3 usw. und trägt diese dann gegen den Stoffmengenanteil einer Komponente auf, ergeben sich Kurvenverläufe, wie in Abb. 1 und Abb. 2 dargestellt. Für die Entropien resultiert eine Gerade, für die Enthalpien ein bogenförmiger Verlauf. Verbindet man in dieser Darstellung zwei Punkte mit einer Geraden, zwischen denen eine weitere Verbindung liegt, so muss die normierte Enthalpie dieser dritten Verbindung unterhalb der Sekante liegen. Anderenfalls ist die Verbindung nicht stabil. Mit der Kenntnis des prinzipiellen Verlaufs der Kurven in einem System ergibt sich eine einfache Möglichkeit, thermodynamische Daten weiterer Verbindungen abzuschätzen. [1]

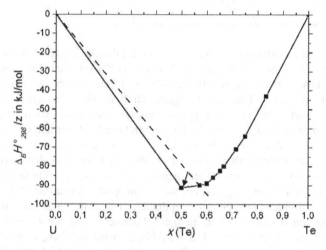

Abb. 1: Verlauf der normierten Enthalpien für das System U/Te

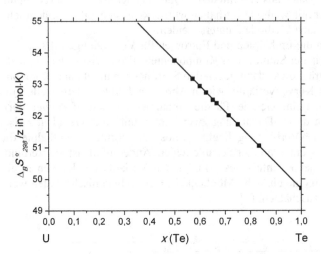

Abb. 2: Verlauf der normierten und Entropien für das System U/Te

Zur Abschätzung und Konsistenzprüfung binärer Verbindungen eignet sich auch die Modellierung des Phasendiagramms nach der CALPHAD-Methode (engl. **CAL**culation of **PHA**se **D**iagrams, also Berechnung von Phasendiagrammen). Ist ein experimentell ermitteltes Diagramm zugänglich bzw. sind die Arten der Phasenübergänge und die Übergangstemperaturen bekannt, kann mit Computerprogrammen, wie *ChemSage*, das Diagramm berechnet werden. Gelingt es, durch Anpassung der thermodynamischen Daten des Systems, eine Übereinstimmung zum Referenzdiagramm zu erhalten, hat man aus den zuvor eingesetzten Schätzwerten optimierte Werte generiert. Eine solche Modellierung kann sich jedoch recht aufwändig gestalten, wenn eine große Anzahl an Phasen und thermischen Effekten im System enthalten ist. Allerdings ist die Konsistenzprüfung umso erfolgreicher, je mehr Parameter angepasst werden können. Betrachtet man hierzu Abb. 1 bzw. Abb. 2, wird deutlich, dass die einzelnen Punkte im Diagramm nur geringfügig verschoben werden können (die Enthalpie/Entropie nur geringfügig geändert werden kann), damit die Konsistenzbedingung eingehalten wird. Wären beispielsweise nur drei Phasen im System enthalten, würden diese auch einer größeren Variabilität unterliegen, also mit größerer Freiheit gewählt werden können, wobei der Datensatz immer noch konsistent bliebe.

2.5 Ampullentechnik

Wie bereits erwähnt, gibt es prinzipiell zwei Methoden der Gasphasen-abscheidung: im offenen oder im geschlossenen System. In dieser Arbeit wurde die Ampullentechnik angewandt, also das geschlossene System. Die Ampullen wurden aus Quarzrohren hergestellt, die einen Innendurchmesser von 13 mm und eine Wandstärke von 1,5 mm aufweisen. Prinzipiell können die Maße variieren, für die Berechnungen spielen aber die spätere Ampullenlänge sowie der Innendurchmesser, mit dessen Hilfe die Querschnittsfläche für die *Schäfer*'sche Transportgleichung ermittelt wird, eine Rolle und müssen daher bekannt sein. Die Wandstärke ist vor allem aus praktischen Gründen von Bedeutung. Sie darf nicht zu dünn sein, damit die Ampulle nicht bei erhöhtem Innendruck oder beim Öffnen mit einem Glasschneider platzt, sie darf aber auch nicht zu dick sein, das sich sonst der Abschmelzvorgang langwieriger gestaltet.

Um 12 cm lange Ampullen herzustellen, wurden die Quarzrohre zunächst auf eine Länge von 40 cm geschnitten. Die Mitte dieses Rohrstückes wurde mit einem Wasserstoff/Sauerstoff-Brenner erhitzt, sodass dieses weich wurde und die beiden Hälften des Rohres langsam auseinander gezogen werden konnten. Damit erhielt man zwei 20 cm lange, nur noch einseitig offene Ampullenrohlinge, die dann bei 12 cm Länge nochmals erhitzt und eingeengt wurden. Die Einengung dient der Vorbereitung des späteren Abschmelzens an dieser Stelle des Rohlings.

Vor Verwendung der Ampullen wurden diese mit destilliertem Wasser gereinigt, im Trockenschrank getrocknet und zuletzt mit dem H_2/O_2-Brenner mit kleiner Flamme an einer Vakuumapparatur (Abb. 4) ausgeheizt, um anhaftendes Wasser auszutreiben. Die Ampullenrohlinge werden dazu mit der offenen Seite über eine Teflon-Quetsch-verbindung mit der Vakuumapparatur verbunden (Verschraubungssystem der Firma *BOLA*, Abb. 3). Nach Befüllen wurden die Ampullen an dieser Apparatur unter Vakuum mit dem Brenner an der zuvor eingeengten Stelle verschlossen und abgeschmolzen.

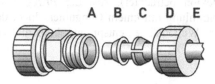

Abb. 3: Verschraubungssystem bis 5 bar, A) Gewinde-Stutzen des Fittings, B) Dichtkeil, C) Klemmkeil, D) Mutter, E) Rohr [7]

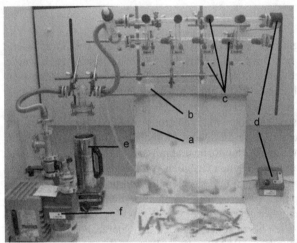

Abb. 4: Vakuumapparatur zum Abschmelzen von Ampullen, a) Ampulle, b) Quetschverbindung, c) diverse Absperrventile zum Evakuieren und Spülen mit Stickstoff, d) Drucksensor mit Manometer, e) Kühlfalle, f) Vakuumpumpe

2.6 Röntgendiffraktometrie

2.6.1 Die Bragg'sche Reflexionsbedingung[4]

Zur Untersuchung und Identifizierung der aus den Transportexperimenten erhaltenen Kristalle wurde die Methode der Röntgenbeugung angewandt. Trifft Röntgenstrahlung auf die Elektronen im Kristall, so wird diese gestreut. Dabei tritt sowohl konstruktive als auch destruktive Interferenz auf. Da die Streuzentren eine regelmäßige Anordnung besitzen und deren Entfernung untereinander in derselben Größenordnung liegt wie die Wellenlänge der Strahlung, kommt es zur Beugung (vereinfacht auch als Reflexion betrachtet). Aus der *Bragg*'schen Reflexionsbedingung folgt, dass nur Strahlung mit einem Gangunterschied, der einem ganzzahligen Vielfachen der Wellenlänge entspricht, konstruktiver Interferenz unterliegt.

---

[4] Die folgenden Ausführungen wurden mit Hilfe von [8] erstellt.

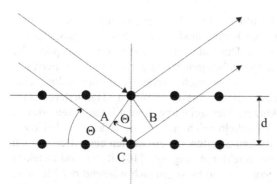

Abb. 5: *Bragg*'sche Reflexionsbedingung, nach [9] Abb. 14

Nach dem Sinussatz ergibt sich:

$$\frac{\overline{AC}}{d} = sin\Theta \quad bzw. \quad \overline{AC} = d \cdot sin\Theta \tag{31}$$

Damit ergibt sich der Gangunterschied zwischen einfallendem und gestreuten Strahl zu:

$$\overline{AC} + \overline{CB} = 2 \cdot d \cdot sin\Theta \tag{32}$$

Wie schon erwähnt, tritt konstruktive Interferenz nur dann auf, wenn der Gangunterschied ein ganzzahliges Vielfaches der Wellenlänge λ ist.

$$n \cdot \lambda = 2 \cdot d \cdot sin\Theta \tag{33}$$

Damit kann Reflexion am Kristall nur dann beobachtet werden, wenn für den Einfallswinkel der Strahlung gilt:

$$sin\Theta = \frac{n \cdot \lambda}{2 \cdot d} \tag{34}$$

Bei allen anderen Winkeln wird destruktive Interferenz beobachtet.

2.6.2 Aufbau und Funktionsweise eines Röntgendiffraktometers

Zur Verfügung stand ein Pulverdiffraktometer *D2 Phaser* von *Bruker AXS*, dessen Aufbau schematisch in Abb. 6 gezeigt ist. Die kristalline Probe wird hierbei zu einem Pulver vermahlen, sodass möglichst alle Kristallebenen statistisch verteilt in Reflektionsstellung gelangen. Der Probenträger kann dabei rotiert werden, ist sonst aber horizontal fest installiert. Die Röntgenstrahlung wird mittels Röntgenröhre erzeugt, hier mit einer Kupferanode und Nickel-Filter ausgestattet, um Cu Kα-Strahlung zu generieren. Der Filter dient hierbei zur Absorption der Cu Kβ-Strahlung. Zur Detektion der gebeugten Strahlung werden üblicherweise Szintillationszähler eingesetzt. Das verwendete Gerät weist hier jedoch eine Besonderheit auf, da es über einen streifenförmigen Halbleiterdetektor (*LYNXEYE*) verfügt, mit dem kürzere Messzeiten bei hohen Intensitäten erreicht werden können, weil hierbei ein Winkelbereich gleichzeitig erfasst werden kann. Der Detektor besteht aus 192 Silicium-Streifen, die zusammen einen Bereich von 5° abdecken und als 192 separate Detektoren fungieren [10]. Röhre und Detektor sind auf einem Goniometer angeordnet und bewegen sich während der Messung jeweils im Winkel Θ um die Probe, wobei zu jedem Winkel die Intensität der gebeugten Strahlung erfasst wird. Genaueres zur verwendeten Messmethode ist Anhang A.3 zu entnehmen.

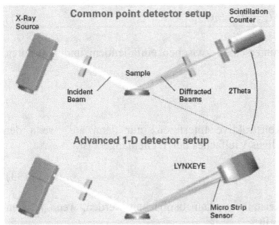

Abb. 6: schematischer Aufbau des *D2 Phaser* (*Bruker AXS*) [11]

Abb. 7: *D2 Phaser*, **Außenansicht (links) [12], Innenansicht (rechts) [13]**

Es resultiert das sogenannte Diffraktogramm oder Beugungsdiagramm, beispielhaft in Abb. 8 und Abb. 9 dargestellt. Durch Vergleich mit Referenzdiagrammen aus einer Datenbank kann eine Identifizierung der gemessenen Probe erfolgen. Da jede kristalline Substanz ein individuelles Beugungsbild zeigt, ist auch eine Identifizierung von Stoffgemischen möglich. Je mehr Stoffe allerdings vermischt sind, desto komplizierter wird die Auswertung.

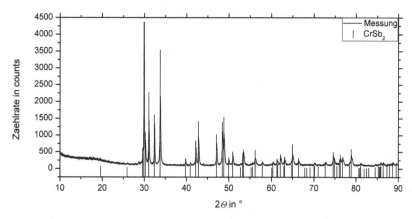

Abb. 8: Diffraktogramm von phasenreinem $CrSb_2$(orthorhombisch, Pnnm) erhalten aus CTR unter Zusatz von $CrCl_3$

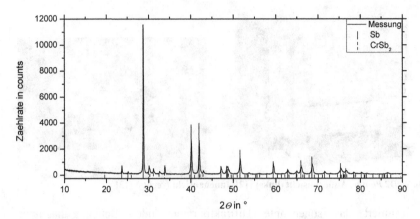

Abb. 9: Diffraktogramm eines Phasengemenges aus Sb (rhomboedrisch, R-3m) und CrSb₂ (orthorhombisch, Pnnm)

3 Das System Cr/Sb

3.1 Einfache Betrachtungen

Um das Transportverhalten von $CrSb_2$ vorhersagen zu können, sollten zuerst die thermodynamischen Daten, nämlich Standardbildungsenthalpie, -entropie und Wärmekapazitätsfunktion, ermittelt werden. Die genannten Daten konnten jedoch nicht in der Literatur gefunden werden, sodass diese selbst ermittelt werden mussten.

Eine Methode zum Abschätzen der Werte besteht im Vergleich mit chemisch ähnlichen Verbindungen. Ausgehend von den Diantimoniden des Cobalts, Golds und Urans wurden Enthalpie und Entropie in Annahme einer linearen Beziehung zur Gruppennummer des Metalls im Periodensystem ermittelt. Die graphische Darstellung ist in Abb. 10 und Abb. 11 gezeigt, die Daten in Tab. 1 gegeben.

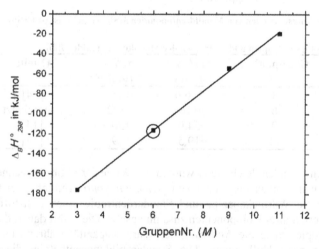

Abb. 10: Standardbildungsenthalpien von Metalldiantimoniden MSb_2, eingekreist ist $CrSb_2$

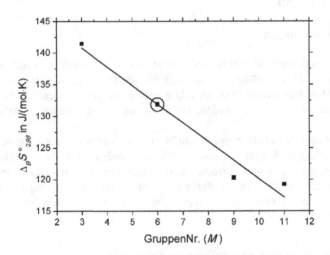

Abb. 11: Standardbildungsentropien von Metalldiantimoniden $M\mathrm{Sb}_2$, eingekreist ist CrSb_2

Tab. 1: Standardbildungsenthalpien und -entropien der Metalldiantimonide $M\mathrm{Sb}_2$

Verbindung $M\mathrm{Sb}_2$	GruppenNr. M	$\Delta_B H^\circ_{298}$ kJ/mol	$\Delta_B S^\circ_{298}$ J/(mol·K)	Quelle
USb_2	3	−176,0	141,5	[14]
CrSb_2	6	−116	132	abgeschätzt
CoSb_2	9	−54,0	120,3	[14]
AuSb_2	11	−19,5	119,2	[14]

Aus den erhaltenen Geradengleichungen wurden die Werte für CrSb_2 berechnet. Die C_p-Funktion wurde nach der Regel von *Neumann-Kopp* ermittelt, welche besagt, dass sich die Wärmekapazität und Standardentropie eines Feststoffes additiv aus den Werten ihrer Komponenten zusammensetzt. Dies rührt daher, dass die Reaktionsentropie sowie die Änderung der Wärmekapazität während einer Festkörperreaktion nahe Null liegen. Die Standardbildungsenthalpie, die in diesem Fall abgeschätzt wurde, scheint jedoch mit einem Wert von rund −116 kJ/mol sehr niedrig (zu negativ) zu sein, da sie bereits im Bereich der Bildungsenthalpie von Oxiden liegt. Die weitere Verwendung dieser Werte sollte daher mit Bedacht geschehen, zumal zur Schlussfolgerung auf einen linearen Zusammenhang der Enthalpien und Entropien lediglich drei Referenzwerte vorliegen.

Zur Abschätzung der Daten für CrSb wurden Enthalpie und Entropie von GaN und GaSb betrachtet, jeweils die Differenz zwischen Nitrid und Antimonid gebildet und auf CrN und CrSb übertragen, wobei die Werte für GaN, GaSb und

CrN der Literatur entnommen werden konnten. Die Schwierigkeit hierbei liegt darin, dass Ga zwar in derselben Periode des PSE steht wie Cr, jedoch kein Übergangsmetall mehr ist.

Tab. 2: Standardbildungsenthalpien und -entropien der Nitride und Antimonide

Verbindung	$\Delta_B H°_{298}$ kJ/mol	$\Delta_B S°_{298}$ J/(mol·K)	Quelle
GaN	−109,6	29,7	[14]
GaSb	−43,9	76,1	[14]
CrN	−117,2	37,7	[14]
CrSb	−51	83	abgeschätzt

3.2 Erste Abschätzung des Transportverhaltens von CrSb2

3.2.1 Transport unter Zusatz von CrCl3

Für den Transport wurde folgendes dominierendes Gleichgewicht angenommen:

$$CrSb_2(s) + 8\ CrCl_3(g) \rightleftharpoons 9\ CrCl_2(g) + 2\ SbCl_3(g) \tag{35}$$

Mit dieser Annahme kann zunächst eine erste Abschätzung des Transportverhaltens vorgenommen werden. Wie in den Kapiteln 2.2 und 2.3 gezeigt, werden die Reaktionsenthalpie, -entropie und freie Enthalpie sowie die optimale Transporttemperatur bei 298 K bzw. 1000 K berechnet.

Tab. 3: Standardbildungsenthalpien und -entropien für die Berechnung des Transport von CrSb2 mit CrCl3

Verbindung	$\Delta_B H°_{298}$ in kJ/mol	$\Delta_B S°_{298}$ in J/(mol·K)	$\Delta_B H°_{1000}$ in kJ/mol	$\Delta_B S°_{1000}$ in J/(mol·K)	Quelle
CrCl3(g)	−325,2	317,6	−267,0	416,9	[14]
CrCl2(g)	−136,2	307,9	−93,5	381,1	[14]
SbCl3(g)	−313,1	339,1	−256,2	436,6	[14]
CrSb2(s)	−116	132	−57	234	abgeschätzt

Tab. 4: Reaktionsdaten für die Berechnung des Transport von CrSb2 mit CrCl3

	298 K	1000 K
$\Delta_R H°_T$ in kJ/mol	865	838
$\Delta_R S°_T$ in J/(mol·K)	777	733
$\Delta_R G°_T$ in kJ/mol	634	105
T_{opt} in °C	841	870

Demnach würde sich ein endothermer Transport im Bereich um 870°C ergeben. Die freie Enthalpie bei 1000 K liegt nur knapp über 100 kJ/mol, sodass die Gleichgewichtslage nicht zu extrem ist; also sollte ein Transport prinzipiell möglich sein (man vergleiche mit der Literatur zum Transport von $CrSb_2$ mit $CrCl_3$ [15]).

3.2.2   Transport unter Zusatz von I_2

Folgendes dominierendes Transportgleichgewicht wird angenommen:

$$CrSb_2(s) + 4\ I_2(g) \rightleftharpoons CrI_2(g) + 2\ SbI_3(g) \tag{36}$$

Die Berechnung der Gleichgewichtslage erfolgte genauso wie unter Abschnitt 3.2.1. Zusätzlich wurden die Daten von $CrI_2(g)$ abgeschätzt, um den gefundenen Literaturwert zu bestätigen bzw. im Umkehrschluss die Güte des Schätzverfahrens zu überprüfen. Auch hier wurde die Abschätzung auf Grundlage chemisch ähnlicher Verbindungen durchgeführt, nämlich der Titan- und Molybdänhalogenide.

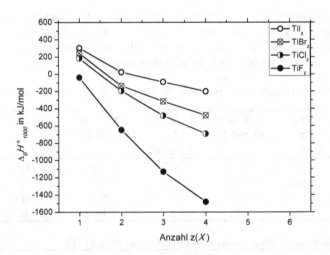

Abb. 12: Standardbildungsenthalpien von gasförmigen Titanhalogeniden, aufgetragen gegen die Anzahl an Halogenatomen im Molekül

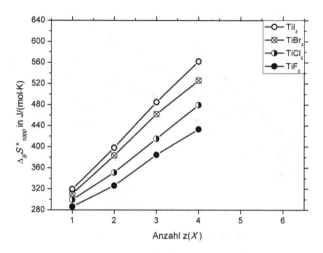

Abb. 13: Standardbildungsentropien von gasförmigen Titanhalogeniden, aufgetragen gegen die Anzahl an Halogenatomen im Molekül

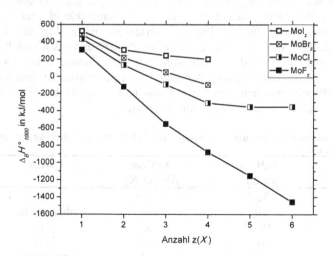

Abb. 14: Standardbildungsenthalpien von gasförmigen Molybdänhalogeniden, aufgetragen gegen die Anzahl an Halogenatomen im Molekül

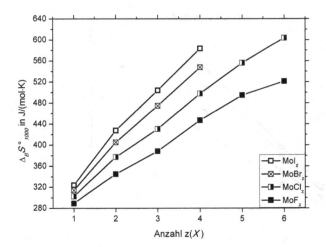

Abb. 15: **Standardbildungsentropien von gasförmigen Molybdänhalogeniden, aufgetragen gegen die Anzahl an Halogenatomen im Molekül**

Die Differenz der Standardbildungsenthalpie von Titandichlorid und Titandiiodid wurde auf Chrom übertragen, da der Wert für das Chromdichlorid ebenfalls bekannt ist. Ebenso wurde für die Entropie verfahren und analog für die Molybdänverbindungen. Weil das Titan in derselben Periode und das Molybdän in derselben Gruppe im Periodensystem steht wie das Chrom, wurde der Mittelwert aus den soeben erhaltenen Werten gebildet, da zu erwarten ist, dass die Chromhalogenid-Werte zwischen denen der Titan- und Molybdänhalogeniden liegen. Es ergeben sich zunächst folgende Ausgangsdaten:

Tab. 5: **Standardbildungsenthalpien und -entropien bei 1000 K für die Berechnung des Transport von $CrSb_2$ mit I_2**

Verbindung	$\Delta_B H^\circ_{1000}$ kJ/mol	$\Delta_B S^\circ_{1000}$ J/(mol·K)	Quelle
$I_2(g)$	88,6	305,5	[14]
$CrI_2(g)$	103	430	abgeschätzt
$CrI_2(g)$	107,3	353,7	[16]
$SbI_3(g)$	64,8	505,0	[14]
$CrSb_2(s)$	−57	234	abgeschätzt

Damit wurden wiederum die Reaktionsdaten berechnet. Diesmal resultiert ein exothermer Transport bei formal ca. 3600°C, was im Experiment natürlich nicht zu realisieren ist. Außerdem wird Quarzglas ab ca. 1000°C weich und die Ampulle verformt sich. Weiterhin sind bei diesen Temperaturen auch Reaktionen der eingeschlossenen Stoffe mit dem Quarzglas möglich.

$\Delta_R H^{\circ}_{1000} = -65$ kJ/mol
$\Delta_R S^{\circ}_{1000} = -17$ J/(mol·K)
$\Delta_R G^{\circ}_{1000} = -48$ kJ/mol
$T_{opt} = 3612°C$

Vergleicht man die abgeschätzten Werte für $CrI_2(g)$ mit den in der Literatur gefundenen, stellt man fest, dass sich die Enthalpien nur geringfügig unterscheiden. Das heißt, die getroffene Abschätzung ist in guter Übereinstimmung mit dem Vergleichswert. Die Entropien zeigen eine deutlich größere Abweichung voneinander. Die Auswirkungen auf den Transport zeigen sich bei Berechnung der Reaktionsdaten. Die aus der Abschätzung zunächst resultierende Entropie erscheint dabei zu hoch: der Wert entspricht etwa der Summe der Entropien für Cr(g) und $I_2(g)$ mit 434 J/(mol·K). Die *Neumann-Kopp*'sche Regel ist in der Gasphase jedoch nicht gültig, da sich bei Änderung der Molzahl der Unordnungszustand der Gasspezies deutlich verringert. Somit muss eine Standardentropie < 430 J/(mol·K) erwartet werden. Die aus [16] entnommen Werte sind auf Dampfdruckmessungen zurückzuführen und wurden an weitere experimentelle Beobachtungen angepasst, sind daher plausibel.

$\Delta_R H^{\circ}_{1000} = -61$ kJ/mol
$\Delta_R S^{\circ}_{1000} = -93$ J/(mol·K)
$\Delta_R G^{\circ}_{1000} = 32$ kJ/mol
$T_{opt} = 381°C$

Möglich wäre der Transport in beiden Fällen, wie an den freien Enthalpien zu erkennen ist, die im Bereich von −100 kJ/mol … +100 kJ/mol liegen und damit nicht zu extrem sind, jedoch resultiert bei Verwendung der Literaturdaten eine deutlich andere Reaktionsentropie und damit eine wesentlich geringere Transporttemperatur. An dieser Stelle soll gesagt sein, dass nicht unbedingt bei der berechneten optimalen Temperatur gearbeitet werden muss. Eine Abweichung ist z. B. dann empfehlenswert, wenn ein langsames Kristallwachstum zur Erzeugung gut ausgeformter Einkristalle erzielt werden soll.

3.3 Erste Schlussfolgerungen

Nachdem die benötigten thermodynamischen Daten der in den angenommenen Transportgleichungen (35) und (36) enthaltenen Spezies zusammengetragen oder, wie in den vorangegangenen Kapiteln beschrieben, abgeschätzt wurden, konnten Voraussagen zum zu erwartenden Transportverhalten getroffen werden. Dazu wurden auf einfache Weise die Standardreaktionsenthalpie, -entropie und freie Enthalpie bei 1000 K sowie die optimale Transporttemperatur berechnet. Im Ergebnis ist sowohl der Transport mit $CrCl_3$ als auch mit I_2 prinzipiell möglich. Bei Erstgenanntem resultiert ein endothermer ($T_2 \rightarrow T_1$), bei Letztgenanntem ein exothermer Transport ($T_1 \rightarrow T_2$). Es gilt zu bedenken, dass es beim Transport mit Iod auch zu einer Umkehr des Transportverhaltens kommen kann, was an der Genauigkeit der Daten liegt. Da die recherchierten Daten aus Messungen stammen, unterliegen sie einer gewissen Ungenauigkeit. Diese kann für die Enthalpie ca. 10 kJ/mol ... 20 kJ/mol betragen [1]. Die abgeschätzten Daten weisen eine Ungenauigkeit mindestens in derselben Größenordnung auf. Die Reaktionswerte können durch diesen Umstand ebenfalls in einem gewissen Intervall variieren, sodass sich eine Reaktionsenthalpie bei Verwendung entsprechender Daten von -50 kJ/mol zu $+50$ kJ/mol verändern kann. Beim Transport mit Iod sollte daher auch der endotherme Fall untersucht werden.

In einer früheren Projektarbeit wurden Experimente zu beiden Transporten unter Berücksichtigung beider Transportrichtungen beim Iod-System durchgeführt. Bei den Temperaturen 800°C $\rightarrow$ 700°C konnte lediglich eine Abscheidung von Antimon in der Senke beobachtet werden, in keinem Fall jedoch ein Transport von $CrSb_2$. In der Arbeit von *D. Fischbach* [17] wurde ein Gradient von 600°C $\rightarrow$ 500°C angewandt. Hier kam es ebenso zum Transport von Antimon und im Falle des Iod-Systems zudem zur Abscheidung von CrI_2.

Schlussfolgerung der ersten Arbeit war es, zunächst niedrigere Transporttemperaturen anzusetzen, was in der zweiten Arbeit Berücksichtigung fand. Die eindeutige Empfehlung danach lautete, die thermodynamischen Daten nochmals einer Überprüfung zu unterziehen und zu optimieren. Nach den Abschätzungen der vorangegangenen Kapitel und der anzunehmenden Ungenauigkeit der bisher erhaltenen Daten wurde entschieden, das Phasendiagramm des Systems Cr/Sb mit dem Programm *ChemSage* zu modellieren, um so eine Optimierung der Daten der kondensierten Phasen zu erzielen. Weiterhin schien es notwendig die Transporte mittels *TRAGMIN* zu überprüfen, um fundierte Aussagen zur Transportierbarkeit und den Bedingungen treffen zu können.

3.4 Modellierung des Systems Cr/Sb

Um möglichst realitätsgetreue thermodynamische Daten zu erhalten, wurde das komplette Phasendiagramm des Systems Cr/Sb mit Hilfe des Programms *ChemSage* modelliert. Ausgangspunkt stellten die bisherigen Abschätzungen dar. Als Referenz diente ein Phasendiagramm aus der Datenbank *Pauling-file*, welche experimentell ermittelte Daten zu den thermochemischen Eigenschaften enthält. Ziel der Modellierung ist es, das modellierte System weitestgehend mit dem gemessenen in Übereinstimmung zu bringen. Dazu müssen chemische Zusammensetzung, Übergangstemperaturen und Art des Phasenübergangs der Referenz entsprechen. In Abb. 16 ist der Ablauf der Modellierung schematisch dargestellt. Nach der Recherche bzw. Abschätzung der benötigten thermodynamischen Daten, wie in den vorangegangenen Kapiteln erläutert, erfolgte nun die Optimierung und Konsistenzprüfung mit Hilfe des Phasendiagramms Cr/Sb. Zur Planung von Transportexperimenten sollen im Anschluss Berechnungen mit *TRAGMIN* durchgeführt werden.

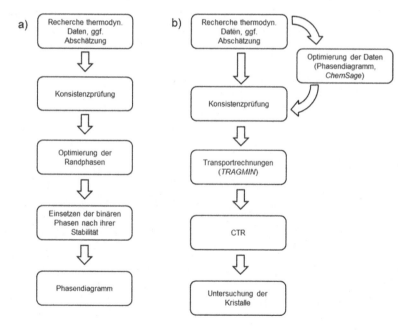

Abb. 16: a) Schema zum Ablauf der Modellierung des binären Zustandsdiagramms (ein Gleichgewichtsraum) und b) vollständiger Verlauf der Arbeitsschritte zur rationalen Syntheseplanung der Kristallisation über chemische Transportreaktionen (in zwei Gleichgewichtsräumen)

Zur Modellierung des Zustandsdiagramms Cr/Sb wurden ausgehend von den gut bekannten Randphasen Chrom und Antimon (Abb. 18 a) die stöchiometrischen Phasen CrSb und $CrSb_2$ nacheinander ins System eingefügt, auf Grundlage der zuvor abgeschätzten Daten. Die Entropien und C_p-Funktionen beider Verbindungen wurden nach *Neumann-Kopp* ermittelt, sodass die Anpassung mit *ChemSage* lediglich zur Optimierung der Enthalpien genutzt wurde. Folgende Ausgangsdaten für die binären Phasen wurden verwendet:

Tab. 6: Ausgangsdaten für die Modellierung des Systems Cr/Sb mit *ChemSage* (Koeffizienten a, b, c der C_p-Funktion gemäß Gleichung (20))

Verbindung	$\Delta_B H^{\circ}_{298}$ kJ/mol	$\Delta_B S^{\circ}_{298}$ J/(mol·K)	a J/(mol·K)	b J/(mol·K²)	c J·K/mol
CrSb(s)	−51	69	40,597	22,99	1,353
$CrSb_2$(s)	−116	114	60,263	34,89	3,225

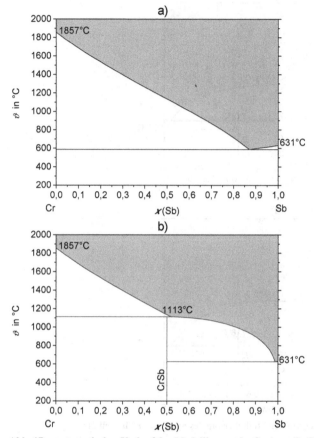

Abb. 17: systematischer Verlauf der Modellierung des Systems Cr/Sb (Teil 1)

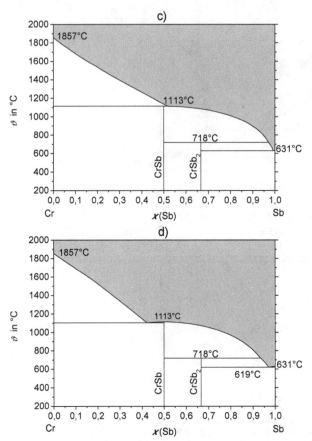

Abb. 18: systematischer Verlauf der Modellierung des Systems Cr/Sb (Teil 2)

Bei der Modellierung des Phasendiagramms fiel zuerst auf, dass die eingangs aus $CoSb_2$, $AuSb_2$ und USb_2 abgeschätzten Daten für $CrSb_2$ nicht korrekt sein konnten, ebenso wie die Daten für CrSb. Die Phasen erwiesen sich als zu stabil, um Phasen-übergänge bei den erwarteten Temperaturen zu ermöglichen, d. h. die mit diesen Werten berechneten Schmelztemperaturen waren gegenüber den Literaturwerten viel zu hoch. Eine weitere Anpassung war daher notwendig, weshalb zuerst die Enthalpie von CrSb so geändert wurde, dass die erwartete Umwandlungs-temperatur aus der Literatur in der Modellierung erreicht wurde (Abb. 17 b). Dazu wurde die Enthalpie von −51 kJ/mol auf −18,2 kJ/mol gesetzt. Im Anschluss erfolgte auf dieselbe Weise die Anpassung der Enthalpie von $CrSb_2$ von geschätzten −116 kJ/mol auf −20,91 kJ/mol (Abb. 18 c). Nach diesen ersten Anpassungsschritten ergab sich sogleich das nächste Problem, dass aus der

Verwendung des Modells der idealen Mischung für die Schmelze herrührt. Statt einer dystektischen Schmelze von CrSb wurde zunächst ein Peritektikum erhalten. Daraufhin wurde das Modell von *IDMX* (ideale Mischung) auf *RKMP* (*Redlich-Kister-Muggianu-Polynom* zur Beschreibung nichtidealen Verhaltens) umgestellt und die Schmelze gegenüber den kondensierten Phasen stabilisiert mit dem Ziel, alle Phasenübergänge wiederum in korrekter Form und bei bekannten Temperaturen abzubilden. Besagtes Polynom hat die Form [18]:

$$\Delta G_{ex} = x \cdot (1 - x) \cdot \sum_{v=1}^{u} L^v \cdot (2 \cdot x - 1)^{v-1} \tag{37}$$

$$L^v = a^v + b^v \cdot T \tag{38}$$

Der Grundgedanke dahinter ist, dass sich die freie Enthalpie einer Verbindung *AB* anteilig aus den freien Enthalpien ihrer Komponenten $\Delta G(A)$ und $\Delta G(B)$ sowie einer Mischungsenthalpie ΔG_{mix} und einer Exzessenthalpie ΔG_{ex} zusammensetzt. Der Exzessanteil beschreibt die Abweichung vom idealen Mischungsverhalten.

$$\Delta G(AB) = x \cdot \Delta G(A) + (1 - x) \cdot \Delta G(B) + \Delta G_{mix} + \Delta G_{ex} \tag{39}$$

In *ChemSage* werden die temperaturabhängigen Koeffizienten L^v über die Parameter a^v und b^v der Gleichung (38) für das *Redlich-Kister-Muggianu-Polynom* angegeben. Gleichzeitig ist eine Anpassung der Daten von CrSb und CrSb$_2$ nötig, da sich Änderungen in der Stabilität der Schmelze auch auf die festen Phasen auswirken (Abb. 18 d). So erfolgte eine schrittweise Änderung der Parameter a^l und a^4 der Schmelze sowie der Enthalpien der festen binären Phasen bis zu den von –24,7 kJ/mol bzw. –27,9 kJ/mol für CrSb und CrSb$_2$, wobei a^l auf –13 kJ/mol und a^4 auf 0,5 kJ/mol gesetzt wurden. Der letzte Schritt bestand in der Modellierung der Phasenbreiten von Cr und CrSb. Dafür wurde zwischen beiden Phasen eine Entmischung definiert, was zum gewünschten Ergebnis führte. Allerdings erwies sich dieser Schritt nicht als trivial, da diese Änderung zur Verschiebung sämtlicher Übergangstemperaturen führte. Auf Grund dessen folgte hier wieder eine schrittweise Anpassung des *RKM*-Polynoms der Schmelze (a^l = –18,3 kJ/mol; a^4 = 0,5 kJ/mol) sowie der Enthalpien der binären Phasen.

Das Resultat der Modellierung ist in guter Übereinstimmung mit dem Referenzzustandsdiagramm, wie in Abb. 19 und Abb. 20 zu sehen ist. Die optimierten Enthalpien für CrSb und CrSb$_2$ betragen nun –27,0 kJ/mol und –30,44 kJ/mol. Eine Zusammenstellung der optimierten Daten aller Verbindungen und Gasphasenspezies ist im Anhang A.1 gegeben.

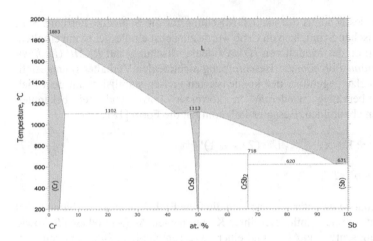

Abb. 19: Zustandsdiagramm des Systems Cr/Sb aus experimentellen Daten [19]

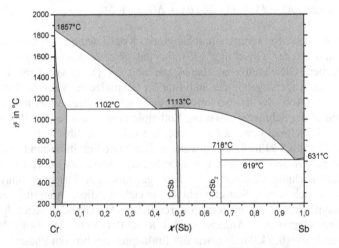

Abb. 20: nach Optimierung der thermodynamischen Standarddaten in der Modellierung mit dem Programm *ChemSage* erhaltenes Zustandsdiagramm des Systems Cr/Sb

Aus der Modellierung des Phasendiagramms ergibt sich die Konsistenz des optimierten Datensatzes. Die Daten folgen dabei prinzipiell den in Abb. 1 und Abb. 2 gezeigten Trends der Enthalpie und Entropie.

3.5 Das Barogramm als einfaches Hilfsmittel

In den bisherigen Betrachtungen wurde nur die Temperaturabhängigkeit der Enthalpie, Entropie und freien Enthalpie betrachtet. Die Phasenbildung ist zudem aber noch vom Druck abhängig. Die Aufstellung des Barogramms als Zustandsdiagramm des Drucks bietet daher eine anschauliche Möglichkeit zur Planung von chemischen Transportreaktionen über die bisher angesprochenen Methoden hinaus. Dazu werden die Gleichgewichtsdrücke des Systems nach folgender Gleichung berechnet [6]:

$$lg \frac{p}{p^\circ} = \frac{\Delta_R H_T^\circ}{2,303 \cdot R} \cdot \frac{1}{T} + \frac{\Delta_R S_T^\circ}{2,303 \cdot R} \tag{40}$$

Wird $p^\circ = 1$ bar eingesetzt, kann der Partialdruck einer Spezies bei beliebiger Temperatur berechnet werden. Soll beispielsweise die Sublimation von Antimon betrachtet werden,

$$4\ Sb(s) \rightleftharpoons Sb_4(g) \tag{41}$$

werden die Reaktionsenthalpie und -entropie für diese Reaktion in Gleichung (40) eingesetzt. Auf diese Weise kann für jede beliebige Temperatur der Sublimationsdampfdruck von Antimon berechnet werden. Die Auftragung von $lg\ p$ gegen $1/T$ liefert dann das sogenannte Barogramm. Aussagekräftiger wird es, wenn auch die Zersetzungsdampfdrücke für $CrSb_2$ und $CrSb$ einbezogen werden (Abb. 21). Chrom wird hier vernachlässigt, da es einen sehr geringen Dampfdruck aufweist.

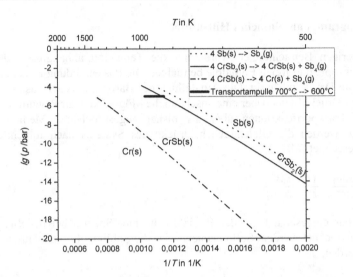

Abb. 21: Zustandsbarogramm des Systems Cr/Sb mit den Zersetzungsgleichgewichten von CrSb$_2$, CrSb und der Sublimation von Sb; die Flächen über den jeweiligen Gleichgewichtskurven markieren die Existenzbereiche der jeweiligen festen Phasen

Die Bedeutung bezüglich eines Transportes erschließt sich entlang einer Isobaren im Zustandsbarogramm. Die Quellenseite der Ampulle muss bei einer Temperatur platziert werden, bei der die Auflösung des Bodenkörpers möglich ist. Die Senkentemperatur muss wiederum zur Abscheidung der Zielphase geeignet sein. Mittels Barogramm können die Temperaturen so gewählt werden, dass phasenreine Transporte möglich sind. Im gezeigten Beispiel kann anhand Abb. 21 eine Abscheidung von Antimon verhindert werden, wenn die Gleichgewichtskurve der Sublimation nicht überschritten wird. Im für den Transport geeigneten Druckbereich bis 10^{-5} bar liegen die Sublimationskurve des Antimons und die Zersetzungskurve von CrSb$_2$ relativ nahe beieinander. Es wurde hier ein Gradient von 700 °C nach 600 °C eingezeichnet, der prinzipiell für einen phasenreinen Transport der Zielverbindung geeignet ist.

    Um den Transport vollständig zu betrachten, werden die gasförmigen Chromspezies, die durch Zusatz von CrCl$_3$ bzw. I$_2$ entstehen und einen transportwirksamen Dampfdruck aufweisen, hinzugefügt (Abb. 22 und Abb. 23). Die jeweiligen gasförmigen Halogene wurden auf Grund ihrer hohen Dampfdrücke, die über denen der betrachteten Spezies liegen, nicht berücksichtigt.

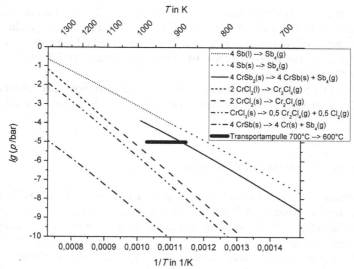

Abb. 22: **Zustandsbarogramm für den Transport von CrSb$_2$ unter Zusatz von CrCl$_3$**

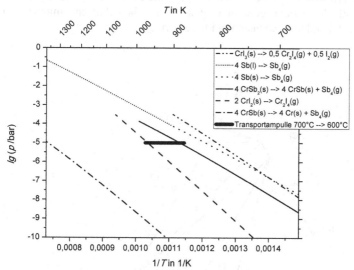

Abb. 23: **Zustandsbarogramm für den Transport von CrSb$_2$ unter Zusatz von I$_2$**

Im System Cr/Sb/I kann es gemäß der thermodynamischen Daten bei einem Transport von 700°C nach 600°C zum Auskondensieren von Chromdiiodid kommen, was bereits bei [17] beobachtet wurde. Daher sollte die Auflösungstemperatur etwas niedriger gewählt werden, um die Sublimation von CrI$_2$ zu vermeiden. In der genannten Arbeit wurde allerdings ein CrI_2-Transport bei einem Temperaturgradienten von $600°C \rightarrow 500°C$ beobachtet, was nicht in Übereinstimmung mit dem hier berechneten Barogramm steht. Eine tiefergehende Betrachtung des Transportverhaltens ist daher notwendig. Dafür wurde das Programm *TRAGMIN* verwendet.

Im System Cr/Sb/Cl ist den Daten nach kein Transport einer Chromchlorid-Spezies zu erwarten. Dennoch wurden auch hier weitere Berechnungen mittels *TRAGMIN* durchgeführt.

3.6 Verbesserte Transportberechnungen

Mit den erhaltenen Werten aus der Optimierung nach Kapitel 3.4 für das System Cr/Sb und der in Anhang A.1 aufgelisteten Daten konnten nun verbesserte *TRAGMIN*-Berechnungen vorgenommen werden, verglichen mit den anfänglich abgeschätzten Werten aus Kapitel 3.2. So wurden zunächst die ternären Zustandsdiagramme der für die Transporte relevanten Systeme Cr/Sb/I und Cr/Sb/Cl berechnet. Da das Programm die ternären Diagramme nicht in einer automatischen Routine erzeugen kann, wurde die Bodenkörperzusammensetzung variiert und die Koexistenzlinien anhand der berechneten, miteinander in Beziehung stehenden kondensierten Phasen ermittelt.

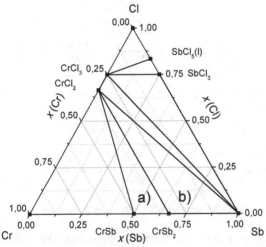

Abb. 24: ternäres Zustandsdiagramm des Systems Cr/Sb/Cl bei 298 K

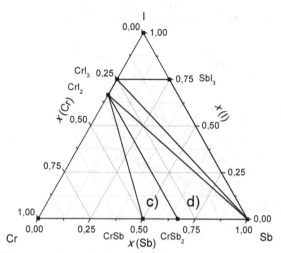

Abb. 25: ternäres Zustandsdiagramm des Systems Cr/Sb/I bei 298 K

Aus diesen Abbildungen kann nun leicht abgelesen werden, welche Zusammensetzung der vorgelegte Quellenbodenkörper haben sollte, damit ein Transport von $CrSb_2$ möglich wird. Die Rechnung ist nämlich dann durchführbar, wenn der Bodenkörper aus drei koexistierenden Phasen besteht, die durch ein Dreieck innerhalb des ternären Diagramms gegeben sind. Das heißt, $CrSb_2$ existiert als Bestandteil der Dreiecke zwischen a) $CrSb$ – $CrCl_2$ – $CrSb_2$ und b) $CrSb_2$ – $CrCl_2$ – Sb sowie analog im System mit Iod (c, d). Für die *TRAGMIN*-Rechnung sollte demzufolge eine Zusammensetzung des Systems innerhalb dieser Phasengebiete gewählt werden. Unabhängig davon wurden im Rahmen dieser Arbeit auch die anderen Gebiete für eventuelle Transporte überprüft – mit negativem Ergebnis in Bezug auf $CrSb_2$.

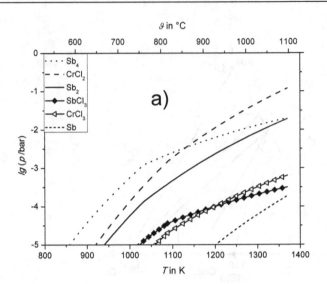

Abb. 26: Gasphasenzusammensetzung des Subsystems a) CrSb-CrCl₂-CrSb₂

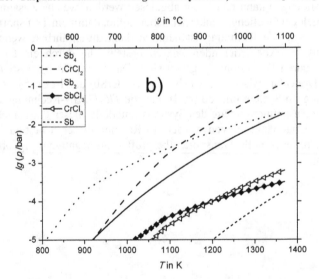

Abb. 27: Gasphasenzusammensetzung des Subsystems b) CrSb₂-CrCl₂-Sb

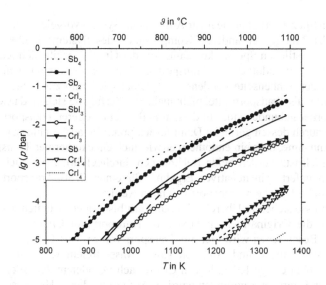

Abb. 28: Gasphasenzusammensetzung des Subsystems c) CrSb-CrI₂-CrSb₂

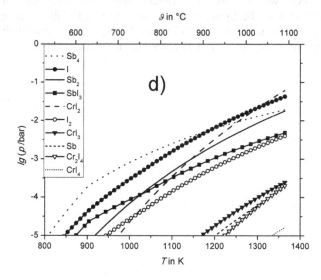

Abb. 29: Gasphasenzusammensetzung des Subsystems d) CrSb₂-CrI₂-Sb

Wird nun, wie soeben geschildert, eine Zusammensetzung aus den die Zielphase enthaltenden Dreiecken gewählt und die Gasphasenzusammensetzung betrachtet (Abb. 26 bis Abb. 29), so ist zu erkennen, dass sich die Partialdrücke der antimonhaltigen Spezies erhöhen, je mehr Antimon im System vorgelegt wird. Bei gleich-bleibender Menge der anderen Komponenten des Systems bleiben die Partialdrücke der restlichen Spezies konstant. Aus der Graphik ergibt sich jedoch das Problem, dass bei endothermen Transportverhältnissen jeweils das Chrom-dihalogenid auf der Senkenseite kondensiert. Das hat wiederum zur Folge, dass das Iod bzw. Chlor als Transportmittel nicht mehr zur Verfügung stehen, da sie im Senkenbodenkörper gebunden sind. In diesem Fall ist ein weiterer Transport von Chrom bedingt durch dessen geringen Dampfdruck praktisch ausgeschlossen.

Unter der Annahme, dass ein endothermer wie auch ein exothermer Transport prinzipiell möglich ist, wurden beide Rechnungen durchgeführt. Aber auch das zweite Szenario lieferte ein negatives Ergebnis für einen $CrSb_2$-Transport. Es konnte in diesem Fall gar kein Transport gefunden werden.

Diese Ergebnisse stehen in Übereinstimmung mit bisherigen Arbeiten, sodass an dieser Stelle die Originalliteratur [15] zum Transport mit $CrCl_3$ überprüft werden musste. Beschrieben wird hier ein Transport von ca. 700°C nach 580°C unter Vorlage von Chrom und Antimon sowie wasserfreiem $CrCl_3$ in einer Quarzampulle, wobei einige Kristalle von Cr_2O_3 nach beendetem Transport auf der Seite höherer Temperatur gefunden wurden. Auf Grund dieses Hinweises auf Sauerstoff im System wurden zusätzlich Berechnungen mit sauerstoffhaltigen Spezies durchgeführt, also die Systeme auf Cr/Sb/Cl/O und Cr/Sb/I/O erweitert (Abb. 30 und Abb. 31), um eine mögliche Beteiligung der sauerstoffhaltigen Spezies am Transport zu überprüfen. Alle betrachteten Spezies sind Anhang A.1 zu entnehmen.

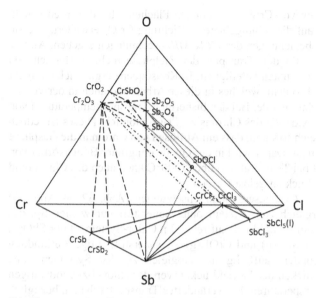

Abb. 30: quaternäres Zustandsdiagramm des Systems Cr/Sb/Cl/O bei 298 K

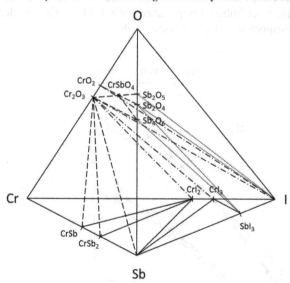

Abb. 31: quaternäres Zustandsdiagramm des Systems Cr/Sb/I/O bei 298 K

Die für die Abscheidung von CrSb$_2$ betrachteten Flächen a bis d werden gemäß
Abb. 30 und Abb. 31 auf die Raumgebiete in Richtung Cr$_2$O$_3$ erweitert, wie sie
sich aus den Stabilitätsbeziehungen der *TRAGMIN*-Rechnungen ergeben. Andere
Phasengebiete kommen für den Transport der Zielphase nicht in Betracht, da
CrSb$_2$ nur an den vier genannten beteiligt ist. In Konsequenz ergibt sich ein nicht
zu vernachlässigendes Problem, welches in dieser Arbeit und auch in der von *D.
Fischbach* [17] beobachtet wurde. Bei den bisherigen Transporttemperaturen von
bis zu 800°C ist eine Oxidation des Chroms zu Cr$_2$O$_3$ möglich. Dieses ist jedoch
in dem Temperaturbereich so stabil, dass ein Auflösen von Chrom in die Gasphase
kaum mehr zu erwarten ist. Daher wird in der Quelle ein grüner Bodenkörper von
Cr$_2$O$_3$ beobachtet. Erst bei Temperaturen über 1000°C kann auch das Chromoxid
mit relevantem Partialdruck aufgelöst werden.

Bei Betrachtung der Gasphasenzusammensetzungen (Abb. 32 bis Abb. 35)
fällt auf, dass im Vergleich zum System ohne Sauerstoff nur wenige Spezies
zusätzlich mit relevantem Partialdruck auftreten. Im Chlor-System ist nur SbO(g)
und im Iod-System nur SbO(g) und CrOI$_2$(g) als sauerstoffhaltige Verbindung
hinzugekommen. Besonders auffällig im Vergleich zu den Systemen ohne
Sauerstoff ist das Abknicken der Partialdruckkurven der chlor- bzw. iodhaltigen
Spezies bei höheren Temperaturen. Ein verändertes Transportverhalten bezüglich
der Systeme ohne Sauerstoff ist somit nicht auszuschließen, weshalb
entsprechende Berechnungen bei hohen Temperaturen (bis 1100°C, Grenze der
Leistungsfähigkeit der Transportöfen) durchgeführt wurden.

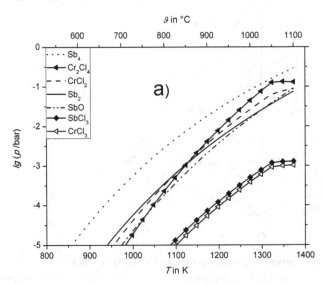

Abb. 32: Gasphasenzusammensetzung des erweiterten Subsystems a) CrSb-CrCl$_2$-CrSb$_2$-Cr$_2$O$_3$

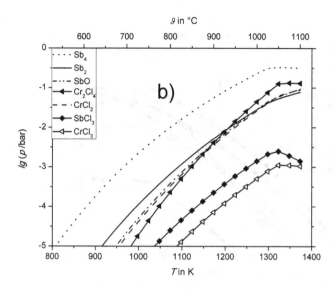

Abb. 33: Gasphasenzusammensetzung des erweiterten Subsystems b) $CrSb_2$-$CrCl_2$-Sb-Cr_2O_3

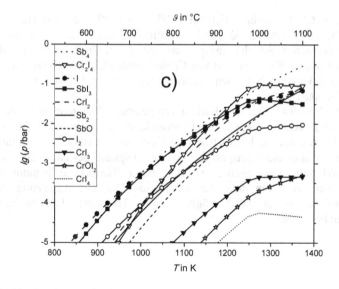

Abb. 34: Gasphasenzusammensetzung des erweiterten Subsystemes c) $CrSb$-CrI_2-$CrSb_2$-Cr_2O_3

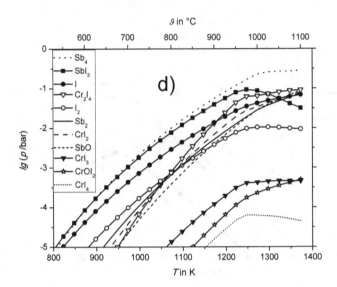

Abb. 35: Gasphasenzusammensetzung des erweiterten Subsystems d) CrSb₂-CrI₂-Sb-Cr₂O₃

Im System Cr/Sb/Cl/O berechnet sich für 1100°C → 1000°C ein Co-Transport von Antimon, Chromdichlorid und Chrom(III)-oxid. Bei niedrigeren Temperaturen verringert sich der transportierte Anteil an Cr_2O_3 auf Grund der gehemmten Auflösung. Ein Transport von $CrSb_2$ konnte nicht berechnet werden. Darin wird ein Widerspruch zu den experimentellen Befunden von *Kjekshus, Peterzéns und Rakke* deutlich.

Das System Cr/Sb/I/O zeigt bei gleichen Temperaturbedingungen ein anderes Verhalten. Das Abknicken der Partialdruckkurven kann hier schon bei niedrigeren Temperaturen beobachtet werden. Es findet ein Co-Transport von Cr_2O_3, Antimon und $CrSb_2$ statt, wobei die Transportrate für die Zielphase bei ca. 1020°C ein Maximum durchläuft (Phasengebiet c). Bei dieser Temperatur beginnt die Abscheidung von Antimon aus der Gasphase. Durch Eingrenzung des Temperaturbereiches ist es daher möglich, einen Transport ohne Antimon-abscheidung zu berechnen.

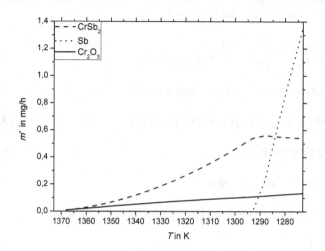

Abb. 36: Transportraten von $CrSb_2$, Cr_2O_3 und Sb bei Zusatz von Iod im erweiterten System

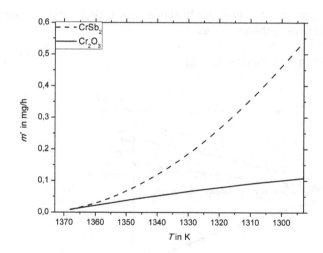

Abb. 37: Transportraten von $CrSb_2$, Cr_2O_3 bei Zusatz von Iod im erweiterten System

Aus den berechneten Transportwirksamkeiten kann das komplexe Transport-gleichgewicht abgeleitet werden. Formal ergibt sich:

$$2\ CrSb_2(s) + Cr_2O_3(s) + 3\ SbI_3(g) \rightleftharpoons$$
$$3\ SbO(g) + 2\ CrI_2(g) + 2\ Sb_2(g) + I(g) + Cr_2I_4(g) \tag{42}$$

Dies kann in folgende Gleichgewichte zerlegt werden:

$$Cr_2O_3(s) + 3\ SbI_3(g) \rightleftharpoons Cr_2I_4(g) + 3\ SbO(g) + 5\ I(g) \tag{43}$$

$$2\ CrSb_2(s) \rightleftharpoons 2\ CrSb(s) + Sb_2(g) \tag{44}$$

$$2\ CrSb(s) + 4\ I(g) \rightleftharpoons Cr_2I_4(g) + Sb_2(g) \tag{45}$$

Es sind weiterhin die Dimerisierungsgleichgewichte zu beachteten:

$$2\ CrI_2(g) \rightleftharpoons Cr_2I_4(g) \tag{46}$$

$$2\ I(g) \rightleftharpoons I_2(g) \tag{47}$$

Als Voraussetzung für das Ablaufen der Reaktion gemäß Gleichung (43) muss zunächst Antimontriiodid gebildet werden:

$$CrSb_2(s) + 1,5\ I_2(g) \rightleftharpoons CrSb(s) + SbI_3(g) \tag{48}$$

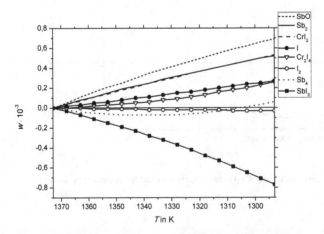

Abb. 38: **Transportwirksamkeiten der einzelnen Gasspezies im System CrSb-CrI₂-CrSb-Cr₂O₃**

Im Phasengebiet d, also im antimonreicheren Gebiet, verschiebt sich das Gleichgewicht. Das Maximum der $CrSb_2$-Transportrate wird hier bei etwa 1060°C berechnet. Die Startreaktion zur Bildung von Antimontriiodid unterscheidet sich hier, da schon zu Beginn Antimon im Überschuss vorliegt:

$$Sb(s,l) + 1,5\ I_2(g) \rightleftharpoons SbI_3(g) \tag{49}$$

Der Unterschied zum Chlor-System besteht in der geringeren Stabilität der Chromiodide verglichen mit den -chloriden. Prinzipiell verlaufen die Partialdruckkurven ähnlich, jedoch kommt es hier zur Kondensation von Chromdichlorid, wie es schon bei niedrigeren Temperaturen berechnet wurde. Ursache dafür könnte die unsichere Datenlage der Chromchloride und insbesondere der Chromoxidchloride sein. Weitere Optimierungen scheinen notwendig zu sein, um die experimentellen Beobachtungen mit den Rechnungen in Übereinstimmung zu bringen. Die Planung von Transportversuchen wird dadurch erschwert, soll aber weiterhin verfolgt werden.

Nach beendeter Modellierung der entsprechenden Systeme sollte nun die Herstellung von $CrSb_2$-Kristallen erfolgen. Neben der Kristallisation aus der Gasphase wurde auch die aus der Schmelze berücksichtigt.

3.7 Experimente zur Kristallisation von CrSb2

3.7.1 Kristallisation aus der Schmelze

Versuch 1

Auf Grund der ungünstigen Vorhersagen zur Transportierbarkeit von $CrSb_2$ wurde die Kristallisation aus der Schmelze angestrebt. Der mögliche Verlauf der Kristallisation entlang der Liquiduslinie ergibt sich aus dem Zustandsdiagramm des Systems, vgl. Abb. 20. Die Kristallisation sollte dabei zusätzlich durch Iod als Mineralisator unterstützt werden. Dazu wurde ein Gemisch aus 341,15 mg Antimon, 10,36 mg Chrom und 5,0 mg Iod in eine vorher im Vakuum ausgeheizte Quarzglasampulle gegeben und diese unter Vakuum (10^{-3} mbar) abgeschmolzen. Die Mengen von Chrom und Antimon entsprechen der peritektischen Zusammensetzung. Chrom und Antimon wurden vor dem Einfüllen in die Ampulle in feingepulverter Form im Mörser homogenisiert. Das verwendete Ofenprogramm ist in Abb. 39 dargestellt. Die Senkenseite wurde mit einer um 10 K höheren Temperatur betrieben als die Quellenseite, damit keine Kondensation von Antimon auf dieser Seite stattfinden konnte. Durch die höhere Temperatur wird gewährleistet, dass Antimon auf der Quellenseite verbleibt bzw. dort wieder in den Bodenkörper einkondensiert.

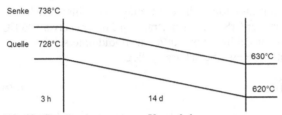

Abb. 39: Temperaturprogramm Versuch 1

Auf der Senkenseite wurden kleine, rotbraune Kristalle an der Ampullenwand beobachtet, welche sich nach Öffnen der Ampulle rasch gelblich-grün verfärbten und flüssig zu werden schienen. Es kann gefolgert werden, dass es sich um CrI_2 handelte, welches stark hygroskopisch ist und in wässriger Lösung die erwähnte Färbung zeigt. Weiterhin wurden silberweiße Kugeln mit wenigen grünen Ablagerungen auf deren Oberfläche auf der Senkenseite gefunden. Durch pulverdiffraktometrische Messungen konnten diese als Antimon identifiziert werden. Die grünen Ablagerungen, die besonders auf der Quellenseite als grüner Bodenkörper vorhanden waren, wurden als Cr_2O_3 identifiziert. Eingeschlossen in einer Chromoxidschicht wurde weiteres Antimon in der Quelle gefunden sowie fein verteilte Antimon-Tröpfchen.

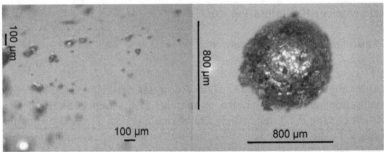

Abb. 40: Versuch 1, Senke, links: CrI_2, rechts: Antimonkügelchen

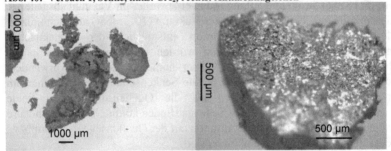

Abb. 41: Versuch 1, Quelle, links: Cr_2O_3, rechts: mit Cr_2O_3 umhülltes Antimon

Vorrangiges Problem war also die Oxidation des Chroms, wodurch dieses nicht für eine Phasenbildung von CrSb$_2$ zur Verfügung stand. Obwohl die Ampulle evakuiert wurde (auf 10^{-3} mbar), reichte der restliche Sauerstoffpartialdruck zur Oxidation bei den eingestellten Temperaturverhältnissen aus.

Versuch 2
Dies ist eine Abwandlung von Versuch 1, da bei diesem eine Oxidation von Chrom zu beobachten war. So wurde hier die Ampulle vor dem Verschließen wie gewohnt evakuiert, aber anschließend mit Stickstoff (technisch) gespült und erneut evakuiert. Der Spülvorgang wurde dreimal durchgeführt. Eingewogen wurden 341,18 mg Antimon, 10,36 mg Chrom und 11 mg Iod. Das Temperaturprogramm wurde unverändert belassen.

Es wurde diesmal keine Oxidation der vorgelegten Stoffe beobachtet, jedoch wieder eine Abscheidung von CrI$_2$ auf der Senkenseite. Über die Röntgenbeugung konnte CrSb$_2$ neben Antimon im Bodenkörper nachgewiesen werden. Allerdings konnten keine Kristalle von CrSb$_2$ separiert werden, da sie fein verteilt im Antimon vorlagen.

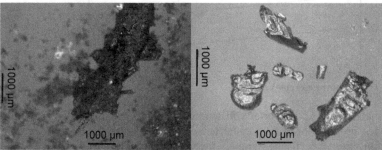

Abb. 42: Versuch 2, Senke, links: mit CrI$_2$ umhüllter Bodenkörper, rechts: Bodenkörper nach Entfernung von CrI$_2$ (Antimon)

Abb. 43: Versuch 2, Quellenbodenkörper

Versuch 3

Da bei den vorangegangenen Versuchen festgestellt wurde, dass das Iod im System lediglich zur Kondensation von Chromdiiodid führte, wurde dieses nun weggelassen. Eine Bildung von $CrSb_2$ ist auch ohne Mineralisator gut zu erreichen. Das Temperaturprogramm wurde so angepasst, dass im Bereich der Kristallisation noch langsamer abgekühlt wurde, um die Keimbildung in Richtung weniger großer, statt fein verteilter Kristalle zu steuern (siehe Abb. 44). Weiterhin neigt das Antimon dazu, wenn geschmolzen, sich von der Quellenseite wegzubewegen bzw. sich zu verteilen - es fließt im flüssigen Zustand weg. Darum wurde der Ofen leicht schräg gestellt, sodass das Antimon auf der Quellenseite verblieb. Zusätzlich wurde eine leichte Verengung zur Abgrenzung der Quelle in die Ampulle geschmolzen. Es wurden diesmal etwa die doppelten Mengen an Ausgangsstoffen eingesetzt, um eine insgesamt größere Menge $CrSb_2$ herzustellen bzw. möglichst große Kristalle zu erhalten. Die Einwaagen betragen für Antimon 682,30 mg und für Chrom 20,74 mg.

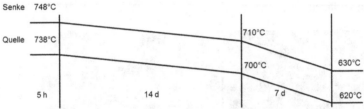

Abb. 44: Temperaturprogramm Versuch 3

Die Schmelze blieb wie erwartet vollständig auf der Quellenseite. Hier konnten verschieden große, silberweiße, erstarrte Schmelze-Tropfen beobachtet werden, welche an der Oberfläche graue, kristalline Strukturen aufwiesen. Die erstgenannten bestanden hauptsächlich aus Antimon mit wenig $CrSb_2$, die letztgenannten aus $CrSb_2$ mit wenig Antimon. Eine phasenreine Trennung war auf mechanischem Wege nicht möglich.

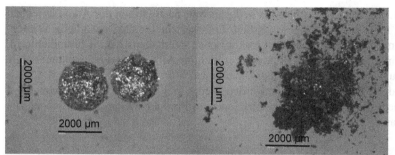

Abb. 45: Versuch 3, Quelle, links: polykristalline Antimonkugeln, rechts: Kristallite von CrSb₂

Mit einem veränderten Temperaturprogramm sollte es möglich sein, das Antimon von der Zielphase weg zu transportieren, ohne diese zu zersetzen. Weiterhin müssen die Bedingungen der Synthese angepasst werden, um die Keimbildung noch weiter in Richtung großer Kristalle zu steuern.

3.7.2 Chemische Transportreaktion

Versuch 4

Da es bereits experimentelle Belege zum $CrSb_2$-Transport unter Zusatz von Chromtrichlorid gibt [15], jedoch die bisherigen Berechnungen im Gegensatz dazu stehen, sollte eine Überprüfung stattfinden. Laut *TRAGMIN*-Rechnungen ist keine Beteiligung sauerstoffhaltiger Spezies am Transport nachweisbar, sodass unter Sauerstoffausschluss gearbeitet wurde. Gemäß den einfachen Vorbetrachtungen wurde endothermes Transportverhalten angenommen. Die Temperaturen wurden nach den Beobachtungen vorangegangener Arbeiten gewählt.

Die beide Elemente Chrom und Antimon wurden im stöchiometrischen Verhältnis 1:2 eingesetzt, d. h. 53,4 mg Chrom und 245,0 mg Antimon. Als Transportzusatz wurde wasserfreies Chrom(III)-chlorid eingesetzt. Dazu wurden zunächst 7,9 mg $CrCl_3 \cdot 6H_2O$ in der ausgeheizten Ampulle unter Vakuum und vorsichtigem Erwärmen mit dem H_2/O_2-Brenner entwässert, anschließend die beiden Elemente zugegeben, die Ampulle dreimal mit Stickstoff (technisch) gespült und abgeschmolzen. Der Transportversuch erfolgte von 700°C (Quelle) nach 580°C (Senke) über eine Dauer von zwei Wochen.

Nach dem Transport verblieb in der Quelle ein graues Pulver und in der Senke hatten sich metallisch glänzende Kristalle von $CrSb_2$, wenig Antimon und vermutlich $CrCl_2$ abgeschieden. Letzteres konnte nicht mit Röntgen-diffraktometrie geklärt werden, da sich zwar ein entsprechender Bodenkörper ausgebildet hatte, dieser aber offensichtlich nicht kristallin vorlag. Daher konnten keine Reflexe im Beugungsbild aufgenommen werden. Dennoch liegt die Vermutung nahe, dass es sich um $CrCl_2$ handelte, da die abgeschiedene

Verbindung zunächst farblos bis hellgrün war, nach Öffnen der Ampulle jedoch anfing, sich deutlich grün zu färben. Dies spricht für eine eventuelle Wasseraufnahme auf Grund des hygroskopischen Verhaltens von Chromdichlorid. Weiterhin ließ sich dieser Bodenkörper nicht im Mörser pulverisieren und neigte stark zum Zusammenkleben und Anhaften am Mörser.

In der Mitte der Ampulle wurden kleine, polyedrische Kristalle von CrSb gefunden, die Hauptmenge an entstandenem Produkt war insgesamt jedoch die Zielphase.

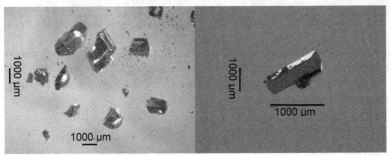

Abb. 46: Versuch 4, Senke, CrSb$_2$-Kristalle

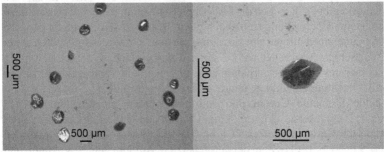

Abb. 47: Versuch 4, Ampullenmitte, CrSb-Kristalle

Abb. 48: Versuch 4, Quelle, links: Quellenbodenkörper, rechts: grünes $CrCl_2$

Die $CrSb_2$-Kristalle wiesen hexagonale Gestalt auf, wobei diese nicht vollständig ausgebildet war, da sie an der Ampullenwand angewachsen waren. Weiterhin wurden kleine eckige Stäbchen mit einer Länge von ca. 0,3 mm gefunden sowie größere verwachsene Strukturen.

Es kann also davon ausgegangen werden, dass hier ein Co-Transport von $CrSb_2$, $CrCl_2$ und Antimon vorgelegen hat.

Versuch 5
Versuch 4 wurde unter Verwendung eines geringeren Temperaturgradienten wiederholt. Dadurch sollte eine geringere Transportrate und damit ein langsameres Kristallwachstum erzielt werden. Weiterhin kann so die Anzahl an Kristallkeimen verringert werden, was zur Bildung gut ausgeformter und wenig verwachsener Kristalle führt. Der Transport erfolgte von 700°C nach 650°C. Die Zusammensetzung des Systems wurde unverändert belassen, die Versuchsdauer betrug eine Woche.

In der Senke konnten diesmal weder $CrSb_2$ noch CrSb gefunden werden, lediglich Antimon, welches unter den Temperaturbedingungen schmelzflüssig abgeschieden wurde, sowie farblose bis teilweise grüne Fasern von $CrCl_2$ wurden transportiert. Nach Öffnen der Ampulle färbte sich dieses, wie schon im vorigen Experiment, grün.

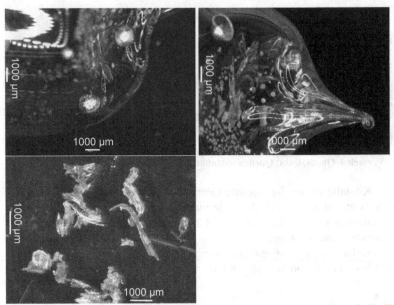

Abb. 49: Versuch 5, Senke, oben: geschlossene Ampulle mit nahezu farblosen CrCl$_2$-Kristallen und Antimontropfen, unten: CrCl$_2$ nach Öffnen der Ampulle

Anschließend wurde versucht, ein Diffraktogramm zur Identifizierung von CrCl$_2$ zu erhalten. Die grünen Kristalle ließen sich jedoch nicht im Mörser zerkleinern bzw. klebten immer wieder aneinander. Dadurch war eine korrekte Präparation auf dem Probenhalten nicht möglich; die Kristalle lagen nicht als dünne Schicht auf, sodass die Reflexe im Beugungsbild verschoben waren. Zudem stimmten die Intensitäten der Reflexe nicht mit denen der Vergleichsdatenbank überein, da die Kristalle in einer bevorzugten Orientierung auf dem Probenhalter lagen. Als kritisch ist außerdem die Instabilität von CrCl$_2$ an Luft zu bewerten. Da keine Glovebox zur Verfügung stand, konnte die Präparation nicht unter Schutzgas durchgeführt werden, wie es hier eigentlich angebracht gewesen wäre. Zumindest das erste Problem konnte durch Verschiebung der Messwerte behoben werden, um eine Auswertung zu ermöglichen und zu bestätigen, dass es sich mit hoher Wahrscheinlichkeit um CrCl$_2$ handelte.

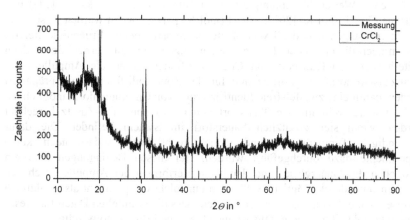

Abb. 50: Diffraktogramm der aus Versuch 5 erhaltenen grünen Nadeln (vermutlich CrCl₂, orthorhombisch, Pnnm)

Da die Abscheidung von CrSb$_2$ bei 650°C prinzipiell möglich ist (Zersetzung erst ab 718°C), ist es zunächst fraglich, warum keines in der Senke gefunden wurde. Offenbar bewirkt die Erhöhung der Senkentemperatur eine Veränderung der Flüsse der einzelnen Komponenten, sodass deren Verhältnis zueinander keinen Transport der Zielverbindung zulassen. Anderenfalls hätte, trotz verkürzter Reaktionsdauer verglichen mit Versuch 4, CrSb$_2$ in der Senke erhalten werden müssen – dann allerdings in geringerer Menge.

3.8 Schlussfolgerungen zur Modellierung und Kristallisation von CrSb₂

Durch eine umfangreiche Recherche und verschiedene Schätzverfahren konnten thermodynamische Daten der relevanten Spezies in den Systemen Cr/Sb/Cl/O und Cr/Sb/I/O gesammelt werden. Anhand der Modellierung des Phasendiagramms Cr/Sb wurden optimierte Daten der entsprechenden Verbindungen erhalten. Gleichzeitig konnten auch die Grenzen von Schätzverfahren aufgezeigt werden. Die Abschätzung der Daten für CrSb und CrSb$_2$ aus ähnlichen Verbindungen lieferte deutlich abweichende Werte für Standardbildungsenthalpie und -entropie, sodass die Phasen eine zu hohe Stabilität besessen hätten.

In der Modellierung mit *TRAGMIN* konnte kein Transport von CrSb$_2$ mit Chrom-trichlorid als Zusatz berechnet werden. Dem stehen experimentelle Beobachtungen entgegen, weshalb die Datenlage des Systems, vor allem die Daten der Chromchloride, eingehend geprüft werden sollte. Dass dies nicht trivial wird, zeigt schon die Tatsache, dass im Zuge der Recherche zu dieser Arbeit allein für gasförmiges Chromtrichlorid sieben verschiedene Literaturstellen mit unterschiedlichen Werten für Enthalpie (−297 kJ/mol [20] ... −557 kJ/mol [21]) und Entropie (352 J/(mol·K) [20] ... 192 J/(mol·K) [2]) gefunden wurden. Erst wenn die Berechnungen und die Experimente übereinstimmende Ergebnisse liefern, können auch die optimalen Transportbedingungen ermittelt werden. Sollte dann weiterhin ein Co-Transport von $CrCl_2$ stattfinden, sollte die Ampulle unter Schutzgas-Atmosphäre geöffnet und für die Röntgendiffraktometrie präpariert werden, damit eine zweifelsfreie Identifizierung von Chromdichlorid möglich ist.

Es konnte weiterhin ein Transport von $CrSb_2$ unter Iod-Zusatz berechnet werden, wenn sich zusätzlich Sauerstoff im System befindet. Die dafür notwendigen Temperaturen sind jedoch recht hoch, sodass noch keine Experimente dazu durchgeführt wurden. Bei diesen Bedingungen sind ein Erweichen des Quarzglases und damit ein Verformen der Ampulle durch den erhöhten Innendruck möglich. Sollte sich ein solches Experiment als erfolgreich erweisen, kann davon ausgegangen werden, dass die ermittelten Daten für dieses System korrekt sind, anderenfalls ist auch hier eine Prüfung notwendig.

Die Versuche zur Kristallisation der Zielverbindung aus der Schmelze verliefen positiv, auch wenn bisher nur sehr kleine Kristalle erhalten werden konnten. Um größere Kristalle zu generieren kann das Ofenprogramm so angepasst werden, dass unterhalb der peritektischen Temperatur des $CrSb_2$, aber innerhalb einer Antimonschmelze, die Temperatur zunächst konstant gehalten wird. Kleine Kristallkeime sollten sich dann zugunsten größerer auflösen. Nach anschließendem langsamen Abkühlen und Kristallwachstum durch Umkehr des Temperaturgradienten entlang der Ampulle das Antimon von der Zielphase durch Sublimation abgetrennt werden. Im besten Falle scheidet sich Antimon in fester Form ab, damit dieses nicht im flüssigen Zustand in die Quelle zurückfließen kann. Ein entsprechendes Experiment ist in Planung, konnte im Rahmen dieser Arbeit aber nicht mehr durchgeführt werden. Das folgende Temperaturprogramm wäre dafür denkbar:

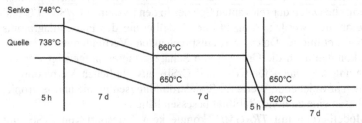

Abb. 51: verbessertes Temperaturprogramm zur Kristallisation von $CrSb_2$ aus der Schmelze

4 Das System U/Te/P

Lange Zeit waren nur wenige Vertreter ternärer Phosphidtelluride bekannt, darunter das Uranphosphidtellurid UPTe. Insbesondere die beiden Elemente Phosphor und Tellur zeigen eine sehr geringe Neigung, miteinander zu reagieren, weshalb bisher keine binären Verbindungen PTe_x bekannt sind. Kinetische Hemmungen der Phasenbildung spielen hierbei offensichtlich eine Rolle. Die Einstellung des chemischen Gleichgewichts kann dabei nicht wesentlich durch die Temperatur beeinflusst werden, da bei höheren Temperaturen beide Elemente gasförmig vorliegen, sodass sich die Zusammensetzung eines vorgelegten, festen Gemisches ändert, was die Synthese einer definierten Verbindung erschwert. An der TU Dresden konnten in den letzten Jahren jedoch auf Basis thermodynamischer Evaluierungen weitere Vertreter der Phosphidtelluride synthetisiert werden. Ein Mittel der Wahl war dabei die chemische Transport-reaktion. Im Folgenden sollen die erfolgreichen Transporte kurz dargestellt werden.

Als erstes Beispiel dient Ti_2PTe_2, welches in einem endothermen Transport von 800°C nach 700°C erhalten werden kann. Als Transportzusatz wird $TeCl_4$ vorgeschlagen. Der Transportzusatz bildet in einem ersten Gasphasengleichgewicht das tatsächlich wirksame Transportmittel $TiCl_4$. Die Modellierung beschreibt einen simultanen Transport von $TiTe_2$ [22].

$$2\ Ti_2PTe_2(s) + 12\ TiCl_4(g) \rightleftharpoons 16\ TiCl_3(g) + 2\ Te_2(g) + P_2(g) \tag{50}$$

$$TiTe_2(s) + 3\ TiCl_4(g) \rightleftharpoons 4\ TiCl_3(g) + Te_2(g) \tag{51}$$

Für $Si_{46-2x}P_{2x}Te_x$ wurde sowohl ein endothermer wie auch ein exothermer Transport beobachtet und folgende Mechanismen unter Zusatz von $TeCl_4$ beschrieben [23]. Die Phasenverhältnisse sind hier noch komplexer, da sich ausgehend vom Transportzusatz $TeCl_4$ in Folgegleichgewichten $SiCl_4$ bzw. HCl als wirksame Transportmittel in der Gasphase bilden:

900°C → 800°C

$$P_4(g) \rightleftharpoons 2\ P_2(g) \tag{52}$$

$$Te_2(g) \rightleftharpoons 2\ Te(g) \tag{53}$$

$$SiCl_4(g) + SiCl_2(g) \rightleftharpoons 2\ SiCl_3(g) \tag{54}$$

$$Te_2(g) + 6\ SiCl_2(g) \rightleftharpoons 4\ SiCl_3(g) + 2\ SiTe(g) \tag{55}$$

$$\text{Si}_{30}\text{P}_{16}\text{Te}_8(s) + 22\ \text{SiCl}_4(g) \rightleftharpoons 8\ \text{P}_2(g) + 8\ \text{SiTe}(g) + 44\ \text{SiCl}_2(g) \qquad (56)$$

650°C → 730°C

$$2\ \text{P}_2(g) \rightleftharpoons \text{P}_4(g) \qquad (57)$$

$$2\ \text{Te}(g) \rightleftharpoons \text{Te}_2(g) \qquad (58)$$

$$\text{SiHCl}_3(g) + \text{HCl}(g) \rightleftharpoons \text{SiCl}_4(g) + \text{H}_2(g) \qquad (59)$$

$$\text{SiCl}_3(g) + \text{HCl}(g) \rightleftharpoons \text{SiCl}_4(g) + \tfrac{1}{2}\ \text{H}_2(g) \qquad (60)$$

$$2\ \text{SiTe}(g) + 8\ \text{HCl}(g) \rightleftharpoons \text{Te}_2(g) + 2\ \text{SiCl}_4(g) + 4\ \text{H}_2(g) \qquad (61)$$

$$\text{Si}_{30}\text{P}_{16}\text{Te}_8(s) + 120\ \text{HCl}(g) \rightleftharpoons 4\ \text{Te}_2(g) + 4\ \text{P}_4(g) + 30\ \text{SiCl}_4(g) + 60\ \text{H}_2(g)\ (62)$$

Zr_2PTe_2 wurde unter Zusatz von Iod bei Temperaturgradienten von 800°C nach 820°C...900°C erhalten, also in einem exothermen Transport [24].

$$\text{P}_4(g) \rightleftharpoons 2\ \text{P}_2(g) \qquad \text{vgl. (52)}$$

$$\text{Te}_2(g) \rightleftharpoons 2\text{Te}(g) \qquad \text{vgl. (53)}$$

$$\text{I}_2(g) \rightleftharpoons 2\ \text{I}(g) \qquad (63)$$

$$4\ \text{Zr}_2\text{PTe}_2(s) + 32\ \text{I}(g) \rightleftharpoons 8\ \text{ZrI}_4(g) + \text{P}_4(g) + 4\ \text{Te}_2(g) \qquad (64)$$

Zwei weitere Vertreter sind $\text{Ce}_3\text{Te}_{4-x}\text{P}_x$ und $\text{CeTe}_{2-x}\text{P}_x$. Allerdings wurde hier kein Transport beschrieben, bei dem die Phasen rein erhalten werden konnten. Außerdem ergibt sich im Vergleich zu den bisher genannten Titan- und Zirkoniumphosphidtelluriden eine eingeschränkte Stabilität bis 350°C. Ti_2PTe_2 ist bis ca. 750°C und Zr_2PTe_2 bis 1000°C stabil [25].

Man kann nun versuchen, anhand der soeben aufgezählten Verbindungen und deren Transportmechanismen Schlüsse auf das Verhalten von Uranphosphidtellurid zu ziehen. Dazu muss als erstes $\text{Si}_{46-2x}\text{P}_{2x}\text{Te}_x$ ausgeschlossen werden, da das Silicium als Halbmetall nicht in eine Reihe mit den Übergangsmetallverbindungen passt. Seine chemischen Eigenschaften unterscheiden sich dafür zu stark. Betrachtet man die drei übrigen Verbindungen, liegt der Schluss nahe, dass UPTe wegen der Stellung des Urans im PSE ähnliche Transporteigenschaften wie das Cer-Analogon aufweisen könnte. Jedoch könnte sich gerade dieses auf Grund seiner geringen Stabilität als Ausreißer aus der Reihe erweisen, da das UPTe relativ stabil ist.

In Experimenten konnte der Transport von Uranphosphidtellurid unter Zusatz von Iod beobachtet werden. Der Transportmechanismus blieb jedoch ungeklärt, da auf Grund der thermodynamischen Daten kein Transport berechnet werden konnte. Deshalb sollten in dieser Arbeit die benötigten Daten zusammengetragen, wenn nötig abgeschätzt und optimiert werden, damit im Anschluss die Modellierung des chemischen Transportes erfolgen konnte (Vergleich Schema Abb. 16).

4.1 Abschätzung der thermodynamischen Daten

Die Daten der Uranphosphide waren durch Literatur zugänglich ebenso wie die meisten der Urantelluride. Da im System U/Te recht viele Phasen existieren, fiel die Abschätzung der noch fehlenden Daten anhand der vorhandenen nach den bereits vorgestellten Methoden nicht schwer. Binäre feste Tellur-Phosphor-Verbindungen sind nicht bekannt, somit blieben noch die Daten von UPTe offen. Diese wurden auf Basis der bereits vorgestellten Phosphidtelluride abgeschätzt. Dazu wurden für bessere Vergleichbarkeit die Standardbildungsenthalpien und -entropien von Ti_2PTe_2 und Zr_2PTe_2 auf die fiktiven Verbindungen MPTe umgerechnet. Die Entropien wurden dabei nach *Neumann-Kopp* abgeschätzt und anschließend die molaren freien Bildungsenthalpien entsprechend der Verhältnisse $\Delta_B S^{\circ}_{298}(M\mathrm{PTe}) / \Delta_B S^{\circ}_{298}(M_2\mathrm{PTe}_2)$ geändert. Daraus wurden im Anschluss die Standardbildungsenthalpien berechnet und graphisch aufgetragen, um die Daten für UPTe abschätzen zu können. Die Daten von $CeTe_{0,9}P_{1,1}$ wurden unverändert übernommen.

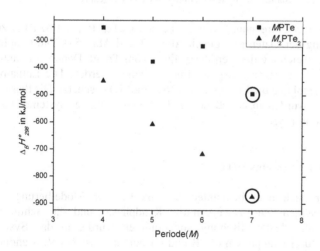

Abb. 52: Abschätzung der Standardbildungsenthalpie von UPTe (eingekreist)

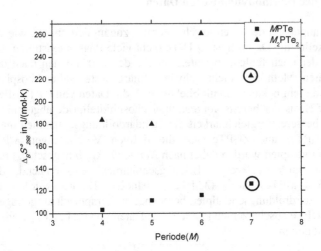

Abb. 53: Abschätzung der Standardbildungsentropie von UPTe (eingekreist)

Weiterhin erfolgte die Umrechnung von UPTe und $CeTe_{0,9}P_{1,1}$ auf M_2PTe_2 zur besseren Anpassung der Daten (Vergleich Abb. 52 und Abb. 53). Die Graphik verdeutlicht die Abweichung der Cer-Verbindung vom Trend. Dennoch konnten gute Schätzwerte für das Uranphosphidtellurid erhalten werden. Die Enthalpie wurde auf -495 kJ/mol und die Entropie auf 126 J/(mol·K) geschätzt. Die thermodynamischen Daten wurden anschließend durch Modellierung der Systeme U/Te, U/P und U/Te/P optimiert.

4.2 Modellierung des Systems U/Te

Es wurde wieder nach dem bekannten Schema bei der Modellierung mit *ChemSage* vorgegangen. Zuerst wurden die Randphasen und die Schmelze, welche zunächst als ideale Mischung angenommen wurde, in das System eingefügt. Bei den drei Uranphasen (A, B und C) fiel auf, dass bei Verwendung der Literaturwerte [14] die Phase A im betrachteten Temperaturbereich bis 3000 K bei hohen Temperaturen erneut an Stabilität gewonnen hätte. Es hätte sich also eine Phasenabfolge von A → B → C → Schmelze → A in Richtung steigender Temperatur ergeben (siehe Abb. 55). Das liegt daran, dass die C_P-Funktion nicht über den gesamten Temperaturbereich Gültigkeit besitzt. Daher wurden für U(A) zwei C_P-Funktionen definiert: die eine bis 941 K, also bis zur Umwandlung in U(B), die andere von 941 K bis zur maximal berechneten Temperatur. Abb. 56 zeigt die Änderung im Vergleich. Da U(A) oberhalb 941 K nicht mehr stabil ist, sind die Abweichungen der *G*- und C_p-Funktionen ab dieser Temperatur nicht relevant.

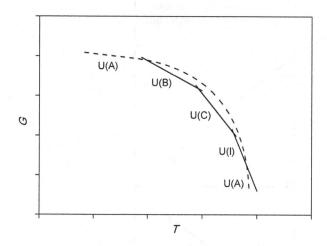

Abb. 54: Skizze der G-Funktionen der Uranphasen entsprechend der Literatur

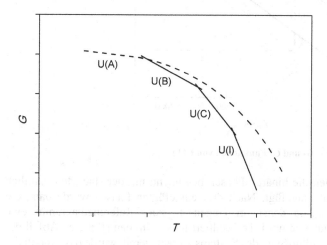

Abb. 55: Skizze der angepassten *G*-Funktionen der Uranphasen

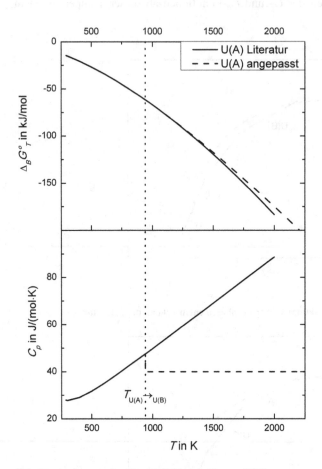

Abb. 56: Anpassung der *G*- und *C_p*-Funktionen von U(A)

Anschließend wurden die binären Phasen beginnend mit der stabilsten, nämlich UTe, in das System eingefügt. Nach drei eingefügten Phasen wurde dann die Schmelze angepasst, da sonst im Gegensatz zum Referenzdiagramm eine symmetrische Soliduslinie um UTe resultiert hätte. Um den stärkeren Abfall der Soliduslinie auf der Tellur-Seite des Systems zu realisieren, wurde das Modell der Schmelze auf *RKMP* umgestellt und auf dieser Seite gegenüber den festen Phasen stabilisiert. Der Anstieg konnte aber nicht exakt modelliert werden, wobei ein solch extremer Anstieg in einem Phasendiagramm unwahrscheinlich und im Vergleich mit anderen Systemen unüblich erscheint.

Nach Anpassung der Schmelze konnte nun mit den festen Phasen fortgefahren werden. Die Phasenbreite von U_3Te_5 wurde dabei vernachlässigt und $UTe_{1,87}$ als separate Phase neben UTe_2 eingefügt.

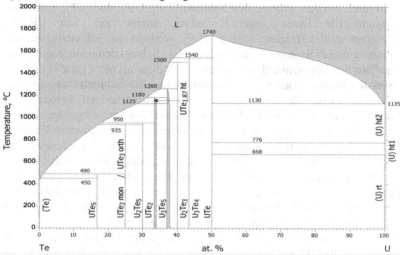

Abb. 57: Zustandsdiagramm des Systems U/Te aus experimentellen Daten [19]

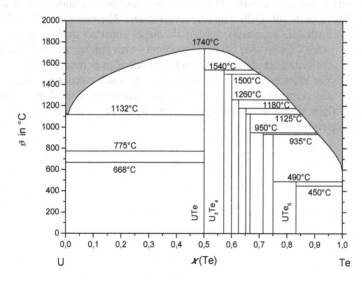

Abb. 58: nach Optimierung der thermodynamischen Standarddaten in der Modellierung mit dem Programm *ChemSage* erhaltenes Zustandsdiagramm des Systems U/Te

4.3 Modellierung des Systems U/P

Für das System U/P konnte kein Phasendiagramm als Referenz gefunden werden. Von den drei binären Phasen des Systems, UP, U_3P_4 und UP_2, sind zwar thermodynamische Daten gegeben, jedoch konnte nur von UP die Schmelztemperatur gefunden werden [14], weshalb es schwierig ist, die Modellierung dieses Systems durchzuführen. Die Schmelztemperaturen ergeben sich zwar aus den Daten, allerdings erwiesen sich diese als nicht ganz korrekt.

Als erstes wurden wieder die Randphasen und die Schmelze des Systems definiert. Die Daten für Uran konnten aus dem vorherigen System U/Te übernommen werden, die Daten für Phosphor wurden neu eingefügt. Hierbei wurden der violette und der schwarze Phosphor gewählt. Der schwarze Phosphor ist die bei Raumtemperatur stabile Modifikation. Da weißer Phosphor bei Raumtemperatur metastabil und erst bei höheren Temperaturen stabil ist, wo jedoch schon flüssiger bzw. gasförmiger Phosphor vorliegt, wurde dieser nicht berücksichtigt. Ebenso wurde der rote Phosphor vernachlässigt, bei dem es sich um einen nicht vollständig kristallisierten violetten Phosphor handelt. Die Daten wurden auf die jeweiligen Übergangstemperaturen angepasst.

Anschließend wurde UP als stabilste Phase eingefügt. Um mit den gegebenen thermodynamischen Daten die Schmelztemperatur von 2883 K (2610°C) zu realisieren, musste für die Schmelze das *RKMP*-Modell verwendet und die Schmelze etwas stabilisiert werden. Danach wurden die beiden anderen Phasen eingepflegt. Die Daten für U_3P_4 wurden unverändert übernommen. Bei UP_2 musste aber die Enthalpie angepasst werden, da dieses sonst zu stabil gegenüber U_3P_4 gewesen wäre. Es wurde darauf geachtet, sich nicht zu weit vom Literaturwert zu entfernen, da sonst, auf Grund der fehlenden Schmelztemperatur, ein völlig beliebiger Wert zwischen U_3P_4 und P hätte gewählt werden können. So resultieren für alle Uranphosphide relativ hohe Schmelzpunkte. Diese sind allerdings realistisch, da aus den Ladungen der Ionen (U^{3+}, U^{4+}, U^{6+} und P^{3-} [26]) hohe Gitterenergien resultieren.

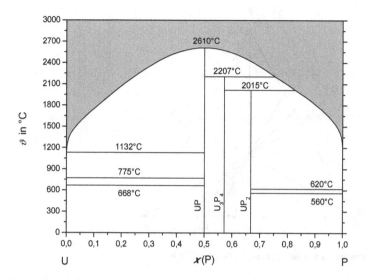

Abb. 59: nach Optimierung der thermodynamischen Standarddaten in der Modellierung mit dem Programm *ChemSage* erhaltenes Zustandsdiagramm des Systems U/P

4.4 Modellierung des Systems U/Te/P

Die zuvor angepassten Daten der beiden Teilsysteme U/Te und U/P wurden nun zum ternären System kombiniert. Wie schon erwähnt, entfällt das System Te/P, da hier keine kondensierten Spezies bekannt sind. Lediglich für TeP(g) konnten Daten gefunden werden, sodass diese in den Berechnungen berücksichtigt werden konnten. Mit Hilfe des Programmes *TRAGMIN* wurden die Daten kombiniert und unter Vorgabe verschiedener Zusammensetzungen das Gesamtsystem berechnet. Für jeden Punkt im System berechnete das Programm die im Gleichgewicht stehende Bodenkörperzusammensetzung und Gasphasenspezies für verschiedene Temperaturen, woraus sich das in Abb. 60 gezeigte Diagramm mit den eingezeichneten Koexistenzlinien ergab.

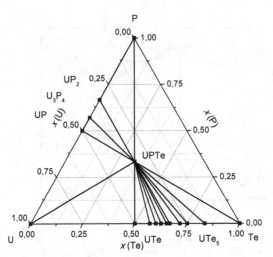

Abb. 60: ternäres Zustandsdiagramm U/Te/P bei 298 K

Die möglichen Phasengebiete um UPTe zeigen dabei ein sehr individuelles Verhalten hinsichtlich der Ausbildung einer transportwirksamen Gasphase. Betrachtet man die Partialdrücke der Gasphasenspezies in den verschiedenen Gebieten in Abb. 61, ergibt sich folgendes Bild: In a findet keine Auflösung von Tellur in die Gasphase statt, in b keine Auflösung von Uran und in c keine Auflösung von Phosphor. Das heißt, im betrachteten Temperaturbereich bis 1100°C liegen die Dampfdrücke der entsprechenden Spezies unterhalb von 10^{-5} bar.

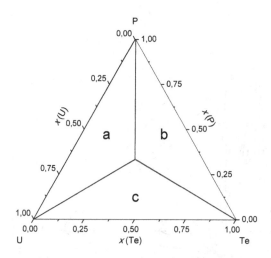

Abb. 61: Problematik der Transportierbarkeit einzelner Komponenten in Abhängigkeit der Wahl der Phasengebiete um UPTe

4.5 Modellierung des Systems U/Te/P/I

Zu den zwei (bzw. drei mit Te/P) betrachteten binären Systemen kamen nun noch die drei Systeme U/I, Te/I und P/I hinzu. Die Datenlage wurde nochmals gründlich recherchiert und die Konsistenz der Datensätze geprüft. Nach geringfügigen Anpassungen der Daten von TeI(s) und TeI$_4$(s) konnten im Anschluss die ternären Phasendiagramme für U/Te/I, U/P/I sowie Te/P/I mit *TRAGMIN* berechnet werden (siehe Anhang A.2.3). Aus den vier ternären Diagrammen kann ein Tetraeder konstruiert werden, der die Phasenverhältnisse des gesamten Systems widergibt. Eine solche Darstellung wirkt bisweilen recht unübersichtlich, zeigt aber auch mögliche Raumgebiete innerhalb des Systems, die durch die bloße Modellierung der Dreiecksflächen unerkannt bleiben. Demnach konnten weitere Koexistenzlinien im Inneren des Tetraeders ermittelt werden, wobei nur die Phasenräume in unmittelbarer Nachbarschaft zu UPTe erfasst wurden. Die Ergebnisse reichen aus, einen Transport der Zielphase zu berechnen.

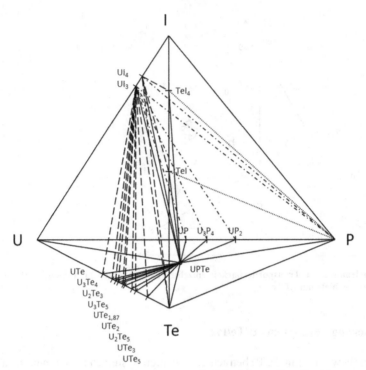

Abb. 62: quaternäres Zustandsdiagramm U/Te/P/I mit Darstellung der Phasenverhältnisse von UPTe bei 298 K

Mit Hilfe der räumlichen Darstellung ist es nun möglich, die Phasengebiete zu identifizieren, in denen ein Transport von UPTe prinzipiell möglich ist. Durch Variation der Zusammensetzung im quaternären Raum kann die geeignete Bodenkörperzusammensetzung für eine chemische Transportreaktion ermittelt werden. Berechnungen neben den Koexistenzlinien zum UPTe im Dreieck U/Te/P führen mit den üblichen Mengen an Transportmittel (wenige Prozent) nicht zum gewünschten Ergebnis, sondern zur Kondensation einer anderen Verbindung, z. B. UI_3. Dass die Berechnungen zunächst innerhalb der Mehrphasengebiete durchgeführt wurden, hängt mit dem Lösungsalgorithmus von *TRAGMIN* zusammen. Eine iterative Lösung der Phasenzusammensetzung wird nur gefunden, wenn die Aktivität im Phasengemenge eindeutig bestimmt ist. Gemäß der *Gibbs*'schen Phasenregel ist das jedoch nur in Mehrphasengebieten möglich.

Diese Vorgehensweise führt im quaternären System zum Erfolg, wenn nicht von den ternären Flächen des Systems U/Te/P (a, b, c - Abb. 61) ausgegangen wird, sondern von einem quaternären Koexistenzraum, der auf den Punkt der

Zusammensetzung von UPTe zuläuft (vgl. Abb. 63). Bei Eingabe der stöchiometrischen Zusammensetzung von UPTe und Zugabe von Iod, also bei Erreichen des Gebietes zwischen UPTe, UI_4, TeI_4 und P, wurde ein Transport der Zielphase möglich.

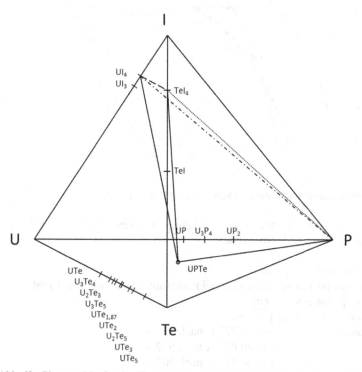

Abb. 63: Phasengebiet für den Transport von UPTe innerhalb des Systems U/Te/P/I

4.6 Abschätzung des Transportverhaltens von UPTe

Ausgehend von einer Zusammensetzung von je 0,25 mmol für jedes Element des Systems, also im Schwerpunkt des gezeichneten Tetraeders, wurden Berechnungen bei verschiedenen Temperaturen durchgeführt, um deren Einfluss auf das Transportverhalten zu erfassen. In Abb. 64 ist die berechnete Gasphasenzusammensetzung gezeigt. Damit können die Spezies I, I_2, P_2, PI_3, Te, Te_2, Te_2I_2, TeI_2 und UI_4 als am Transport beteiligt identifiziert werden.

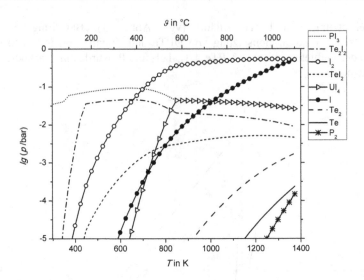

Abb. 64: Gasphasenzusammensetzung im Subsystem UPTe-UI₄-TeI₄-P

Zur Ermittlung der Temperaturabhängigkeit wurden weiterhin folgende Bedingungen in *TRAGMIN* eingegeben:

Stoffmenge N₂ 10 mmol
Chemische Transportreaktion bei konstantem Volumen von 16 ml
Transportstrecke 12 cm
Querschnittsfläche 1,33 cm²
Transport   a) von 773 K nach 873 K
                   b) von 873 K nach 973 K
                   c) von 973 K nach 1073 K
                   d) von 1073 K nach 1173 K
                   e) von 1173 K nach 1273 K
Schrittweite ΔT = 5 K

In Abb. 65 ist die Gasphasenlöslichkeit für die verschieden Transporte dargestellt. Diese nimmt prinzipiell mit steigender Temperatur für die Komponenten U, Te und P ab. Beim Übergang vom Transport 773 K → 873 K zu 873 K → 973 K ist dabei ein deutlicher Sprung zu erkennen. Uran ist zunächst weniger löslich als die beiden anderen Komponenten (die Kurven für Te und P liegen genau übereinander), bei höherer Temperatur sind dann aber alle drei Werte gleich. Iod weist eine gleichbleibende Gasphasenlöslichkeit auf. Grund dafür ist, dass bei 773 K zunächst noch UI₄ neben UPTe im Bodenkörper vorliegt. Bei höherer Temperatur löst sich dieses in die Gasphase auf und der Bodenkörper besteht nur noch aus UPTe. Da wie in Abb. 64 gesehen UI_4 die einzige am Transport beteiligte Uranspezies ist, kann dieser erst erfolgen, wenn Urantetraiodid in die Gasphase übergegangen ist.

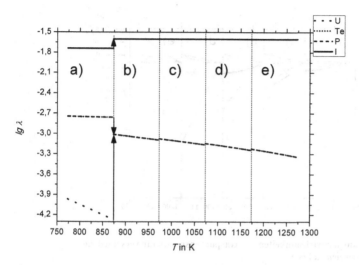

Abb. 65: Gasphasenlöslichkeiten für verschiedene Temperaturbereiche a bis e

Anhand der in Abb. 66 gezeigten Transportwirksamkeiten, kann die jeweilige Transportreaktion abgeleitet werden. Je nach Temperaturbereich ergeben sich somit unterschiedliche Gleichgewichte:

a) $UPTe(s) + 4\ I_2(g) \rightleftharpoons UI_4(g) + PI_3(g) + \frac{1}{2}\ Te_2I_2(g)$ $|\cdot2,2$ (65)

$UPTe(s) + 8\ I(g) \rightleftharpoons UI_4(g) + PI_3(g) + \frac{1}{2}\ Te_2I_2(g)$ (66)

$2\ TeI_2(g) \rightleftharpoons Te_2I_2(g) + I_2(g)$ $|\cdot0,2$ (67)

b) $UPTe(s) + 4\ I_2(g) \rightleftharpoons UI_4(g) + PI_3(g) + \frac{1}{2}\ Te_2I_2(g)$ $|\cdot2,3$ vgl. (65)

$UPTe(s) + 8\ I(g) \rightleftharpoons UI_4(g) + PI_3(g) + \frac{1}{2}\ Te_2I_2(g)$ vgl. (66)

$2\ TeI_2(g) \rightleftharpoons Te_2I_2(g) + I_2(g)$ $|\cdot0,03$ vgl. (67)

c) $UPTe(s) + 4\ I_2(g) \rightleftharpoons UI_4(g) + PI_3(g) + \frac{1}{2}\ Te_2I_2(g)$ $|\cdot2,2$ vgl. (65)

$UPTe(s) + 8\ I(g) \rightleftharpoons UI_4(g) + PI_3(g) + \frac{1}{2}\ Te_2I_2(g)$ vgl. (66)

d) $UPTe(s) + 8\ I(g) \rightleftharpoons UI_4(g) + PI_3(g) + \frac{1}{2}\ Te_2I_2(g)$ vgl. (66)

$2\ I(g) \rightleftharpoons I_2(g)$ (68)

e) $UPTe(s) + 8\,I(g) \rightleftharpoons UI_4(g) + PI_3(g) + \tfrac{1}{2}\,Te_2I_2(g)$ vgl. (66)

    $2\,I(g) \rightleftharpoons I_2(g)$ $|\cdot 3,64$ vgl. (68)

    $Te_2(g) + 4\,I(g) \rightleftharpoons 2\,TeI_2(g)$ $|\cdot 0,07$ (69)

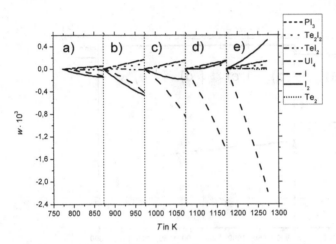

Abb. 66: Transportwirksamkeiten der Gasphasenspezies für verschiedene Temperaturbereiche a bis e

Der Sprung, der bereits bei der Gasphasenlöslichkeit beobachtet werden konnte, spiegelt sich auch in den in Abb. 67 aufgeführten Transportraten wider, welche sich mit steigender Temperatur erhöhen.

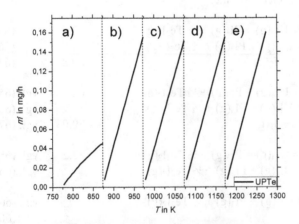

Abb. 67: Transportraten für verschiedene Temperaturbereiche a bis e

Die eingesetzte Iodmenge spielt neben den Temperaturen eine weitere wichtige Rolle beim Transportverhalten. Daher wurden weitere Rechnungen bei konstanten Temperaturbedingungen und Variation der Zusammensetzung des Systems angestellt:

Stoffmenge N_2 10 mmol
Chemische Transportreaktion bei konstantem Volumen von 16 ml
Transportstrecke 12 cm
Querschnittsfläche 1,33 cm²
Transport von 873 K nach 973 K
Schrittweite ΔT = 5 K

Tab. 7: in *TRAGMIN* eingesetzte Stoffmengen der Elemente für die Transportrechnung von UPTe bei konstanten Temperaturbedingungen

Element	Stoffmenge in mmol				
	f)	g)	h)	i)	j)
U	0,32	0,30	0,28	0,26	0,24
Te	0,32	0,30	0,28	0,26	0,24
P	0,32	0,30	0,28	0,26	0,24
I	0,04	0,10	0,16	0,22	0,28

Mit steigender Iodmenge nimmt die Gasphasenlöslichkeit aller Komponenten zu (siehe Abb. 68), da eine größere Menge der transportwirksamen Spezies gebildet werden kann. Die Löslichkeit für Iod bleibt über den gesamten betrachteten Temperaturbereich konstant, die von Uran, Tellur und Phosphor sinken, wie bereits im vorherigen Fall beschrieben. (Die Kurven dieser drei Komponenten liegen deckungsgleich übereinander.)

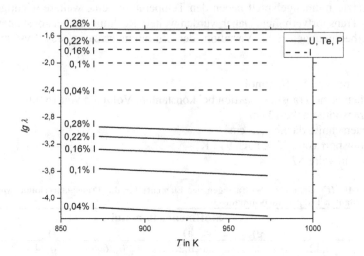

Abb. 68: Gasphasenlöslichkeiten für verschiedene Iodmengen

Auch die Transportwirksamkeiten steigen mit zunehmender Menge an Iod im System. Es ist dabei zu beobachten, dass die Wirksamkeit von I_2 stärker steigt als die von I. Grund hierfür ist die Druckabhängigkeit der Gleichgewichtseinstellung nach(68). Durch Zugabe einer größeren Menge Iod wird der Gesamtdruck in der Ampulle erhöht und das Gleichgewicht verschiebt sich zugunsten von I_2. Druckänderungen können in einigen Stoffsystemen sogar zur Umkehr der Transportrichtung führen. Eine Abhandlung zu diesem Thema lieferte schon *H. Schäfer* [27].

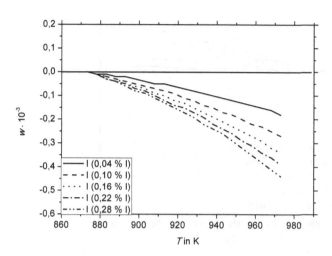

Abb. 69: Transportwirksamkeiten von I für verschiedene Iodmengen

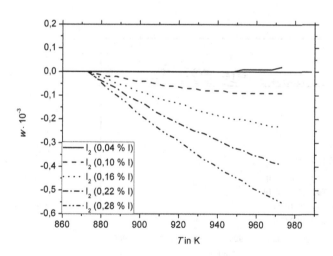

Abb. 70: Transportwirksamkeiten von I₂ für verschiedene Iodmengen

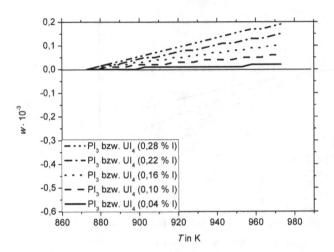

Abb. 71: Transportwirksamkeiten von PI$_3$ und UI$_4$ für verschiedene Iodmengen

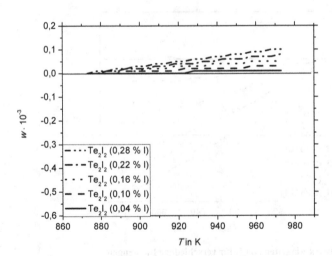

Abb. 72: Transportwirksamkeiten von Te$_2$I$_2$ für verschiedene Iodmengen

Die Transportraten steigen wie die Gasphasenlöslichkeiten und Transportwirksamkeiten mit steigender Iodmenge.

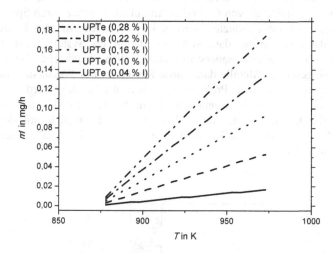

Abb. 73: Transportraten von UPTe für verschiedene Iodmengen

Aus den Berechnungen resultiert ein exothermer Transport ab 500°C bis 1100°C
(möglicherweise auch bis zu höheren Temperaturen, was aber in dieser Arbeit
nicht weiter untersucht wurde). Bei den üblicherweise eingesetzten Iodmengen
(wenige Prozent der Gesamtstoffmenge reichen aus) sollten nach diesen
Betrachtungen $UI_4(g)$, $PI_3(g)$ und $Te_2I_2(g)$ als transportwirksame Spezies in
Erscheinung treten. Je nach Temperaturbereich wirken $I_2(g)$ und $I(g)$ in
unterschiedlichem Maße als Transportmittel, im höheren Bereich eher $I(g)$, im
niedrigen Bereich eher $I_2(g)$. $Te_2(g)$ taucht erst an der Leistungsgrenze der
eingesetzten Öfen in geringem Maße im Gleichgewicht (69) auf, sodass es
vernachlässigt werden kann. Für einen schnellen Transport, z. B. zur Reinigung
von UPTe, sind größere Mengen an Iod einzusetzen, wobei ein moderater
Temperaturbereich ab 600°C ausreichend ist, da sich die Transportrate bei hohen
Temperaturen kaum ändert. Die Temperatur sollte aber nicht geringer sein, da
sonst die Auflösung gehemmt ist. Sollen jedoch gut ausgebildete Kristalle erhalten
werden, ist prinzipiell ein langsamer Transport mit weniger Iod vorzuziehen. Hier
kann auch bei 500°C → 600°C gearbeitet werden.

4.7 Erweiterung des Systems um Sauerstoff

Neben den bereits betrachteten Elementen wurde noch ein weiteres in die
Überlegungen einbezogen: Sauerstoff. Zum einen befindet sich nach dem
Evakuieren ein Restpartialdruck von O_2 in den Ampullen, welcher durch Spülen
mit einem Inertgas nochmals reduziert werden kann. Im Allgemeinen ist der
Sauerstoffanteil dann so gering, dass keine Oxidation im System mehr zu
beobachten ist. Eine weitere Sauerstoffquelle stellen oxydische Verunreinigungen der eingesetzten Metalle dar. Durch Reduktion mit Wasserstoff bei
erhöhten Temperaturen kann dieses Problem für viele Stoffe beseitigt werden.

Beim Uran kommt noch ein weiteres Problem hinzu, was sich aus der
Spannungsreihe der Oxide ergibt. Abb. 74 zeigt, dass Uran sich mit dem
Sauerstoff aus den Quarzglasampullen verbinden kann. Es wird also oxidiert,
während SiO_2 reduziert wird.

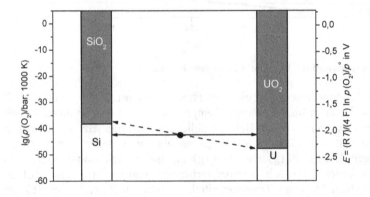

Abb. 74: **Werte der elektrochemischen Spannungsreihe der Oxide [6] für die Reaktion von Uran
mit Quarzglas**

Um den möglichen Einfluss des Sauerstoffs auf das Transportverhalten zu
bewerten, wurden oxydische Spezies aller betrachteten Elemente in die
Berechnungen aufgenommen. Neben binären Verbindungen kann auch eine Reihe
ternärer gefunden werden, welche Sauerstoff enthalten; teilweise wurden auch
ternäre auf Grundlage ähnlicher Verbindungen anderer Elemente (Thorium,
Wolfram) abgeschätzt.

Auf Grund der steigenden Komplexität des Systems, ist eine verständliche,
graphische Darstellung der Phasenverhältnisse kaum noch möglich. Die

ermittelten ternären Diagramme sind unter Anhang A.2.3 aufgeführt. Anhand der Berechnungen mit *TRAGMIN* im Temperaturbereich bis 1373 K konnten keine sauerstoffhaltigen Spezies identifiziert werden, die am Transport von UPTe beteiligt wären, sodass darauf geschlossen werden kann, dass der Transport über die iodhaltigen Spezies UI_4, PI_3 und Te_2I_2 abläuft (Vergleich Kapitel 4.6).

5 Ergebnisse und Ausblick

Im Zuge dieser Arbeit konnte das binäre Phasendiagramm Cr/Sb erfolgreich und in guter Übereinstimmung zum Referenzdiagramm modelliert werden. Die erhaltenen, optimierten Daten sind in sich konsistent und sollten für folgende thermodynamische Betrachtungen verwendet werden. Weitere Berechnungen zum Transportverhalten unter Iod- bzw. Chromchlorid-Zusatz erzielten jedoch nur bei Iod sowie bei hohen Temperaturen (1100°C) ein positives Ergebnis. Nach Überprüfung der Literatur konnte ein Transport von $CrSb_2$ mit $CrCl_3$ experimentell bestätigt werden. Die Identifizierung der erhaltenen Phasen erfolgte mittels Röntgenpulverdiffraktometrie. Die Diskrepanz zwischen Experiment und Berechnung legt nahe, dass der für die Berechnungen verwendete Datensatz für die Gasphasenspezies einer Optimierung bedarf. So liegt der Schluss nahe, dass möglicherweise die Daten der Chromhalogenide angepasst werden müssen.

Für einen Transport mit Iod liegt keine Literatur vor. Aus früheren Arbeiten [17] ist jedoch zu erwarten, dass ein ähnliches Verhalten wie beim Transport unter Chromchlorid-Zusatz auftritt, nämlich ein Co-Transport von CrI_2. Da im System Cr/Sb/I/O ein Transport berechnet werden konnte, sollte dieser auch experimentell überprüft werden. Sollte sich das Transportverhalten bestätigen, sind die thermo-dynamischen Daten der Chromiodide als korrekt anzusehen. Anderenfalls ist auch hier eine Optimierung anzustreben. Für ein weiteres Vorgehen könnten dann die Daten der Chromhalogenide beispielsweise durch Modellierung der Phasendiagramme von $Cr/CrCl_3$ und Cr/CrI_3 überprüft und gegebenenfalls angepasst werden.

Um eine Kristallisation von $CrSb_2$ aus der Schmelze zu erreichen, wurden mehrere Versuche durchgeführt. Wie gezeigt, ist diese Kristallisation möglich, jedoch noch optimierungsbedürftig. Bisher war nur mikrokristallines Produkt erhalten worden, sodass die Bedingungen für die Keimbildung und das Keimwachstum verändert werden müssen, um gut ausgeformte, große Kristalle zu erhalten. Durch einen isothermen Bereich während der Abkühlung kann erreicht werden, dass sich die vielen kleinen Kristallite zu größeren zusammenlagern, das heißt, kleinere Kristalle würden sich zu Gunsten größerer auflösen. Somit könnten größere Kristalle erzeugt werden, welche dann auch für physikalische Messungen Verwendung finden.

Um Kristalle aus Lösungen oder Schmelzen zu gewinnen, gibt es neben der Abkühlungsmethode noch die Verdunstungsmethode. Im konkreten Beispiel würde Antimon von der Quelle wegtransportiert werden, während sich $CrSb_2$ bildet. Die Temperatur muss dabei so gewählt werden, dass sich $CrSb_2$ noch nicht zersetzt und Sb einen ausreichend hohen Dampfdruck besitzt. Der Quellenbodenkörper sollte vollständig geschmolzen sein, der Senkenbodenkörper möglichst fest, damit dieser nicht auf die Quellenseite zurückfließen kann. Ein solcher Versuch ist bereits in Planung, findet aber keinen Eingang mehr in diese Arbeit.

Das System U/Te/P konnte erfolgreich modelliert werden. Hierbei konnte letztendlich eine Übereinstimmung zwischen den modellierten Daten und den experimentellen Befunden erzielt werden, sodass der Mechanismus des chemischen Transports umfassend geklärt und beschrieben werden konnte. Weiterhin konnte gezeigt werden, dass Sauerstoff keinen transportwirksamen Einfluss auf das System ausübt und der Transport allein mit Hilfe von Iod zu erreichen ist. Die vorliegenden Modellierungen zum Transport von UPTe können im Weiteren Anhaltspunkte zu einer erfolgreichen thermodynamischen Evaluierung von Systemen M/Te/P der schweren Übergansmetalle sowie der Lanthanoiden geben, sodass weitere ternäre Phosphidtelluride erschlossen werden können, ohne aufwändige Trial-and-Error-Verfahren anwenden zu müssen.

6 Literaturverzeichnis

[1] M. Binnewies, R. Glaum, M. Schmidt, P. Schmidt: *Chemische Transportreaktionen*, De Gruyter, Berlin, 2011.

[2] H. Oppermann: Das Reaktionsgleichgewicht $2\ CrCl_{3f,g} + Cl_{2g} = 2\ CrCl_{4g}$, in: *Z. Anorg. Allg. Chem.* 359 (1968), 51-57.

[3] U. Steiner: TRAGMIN. Berechnung von Transport-Gleichgewichten durch Minimierung der freien Enthalpie. Version 5.0, *Nutzerdokumentation*.

[4] G. Eriksson: Thermodynamic Studies of High Temperature Equilibria. III. SOLGAS, a Computer Program for Calculating the Composition and Heat Condition of an Equilibrium Mixture, in: *Acta Chem. Scand.* 25 (1971), 2651-2658.

[5] G. Krabbes, H. Oppermann, E. Wolf: Application of Thermodynamic Models to Chemical Transport Reactions with Systems Containing Several Coexisting Solid Phases or Phases with a Homogeneity Range, in: *J. Cryst. Growth* 64 (1983), 353-366.

[6] P. Schmidt: Thermodynamische Analyse der Existenzbereiche fester Phasen – Prinzipien der Syntheseplanung in der anorganischen Festkörperchemie, *Habilitationsschrift*, TU Dresden, 2007.

[7] Bohlender GmbH: Technische Informationen. Verschraubungssystem bis 5 bar, 2014, http://www.bola.de/nc/technische-informationen/verschraubungen/verschraubungssystem-bis-5-bar/kapitel/30/kategorie/10/num/D__503_00/y/127/x/D__503_00/ext/deta il.html#c516, letzter Zugriff am 09.01.2014.

[8] D. A. Skoog, J. J. Leary: *Instrumentelle Analytik. Grundlagen - Geräte - Anwendungen*, Springer-Verlag, Berlin, Heidelberg, New York, 1996.

[9] Bruker AXS GmbH: *Einführung in die Röntgenfluoreszenzanalyse (RFA): User's Manual – Training*, Stand 6. November 2001, Karlsruhe, 2001.

[10] Bruker AXS GmbH: *D2 Phaser. User Manual. Original Instructions*, Karlsruhe, 2011.

[11] Bruker AXS GmbH: D2 Phaser, *Produktbroschüre*, 2009.

[12] Bruker: Bruker. Produkte. D2 Phaser, 2013, http://www.bruker.com/de/products/x-ray-diffraction-and-elemental-analysis/x-ray-diffraction/d2-phaser/overview.html

http://www.bruker.com/typo3temp/pics/D_5219c91ce1.jpg, letzter
Zugriff am 23.02.2013.

[13]   American Chemical Society: C&EN Chemical & Engineering News,
       2013, https://pubs.acs.org/cen/coverstory/87/8713cover.html, letzter
       Zugriff am 23.02.2013.

[14]   O. Knacke, O. Kubaschewski, K. Hesselmann: *Thermochemical
       Properties of Inorganic Substances*, 2nd, Springer-Verlag, Berlin,
       Heidelberg, 1991.

[15]   A. Kjekshus, P. G. Peterzéns, T. Rakke, A. F. Andresen: Compounds with
       the Marcasite Type Crystal Structure. XIII. Structural and Magnetic
       Properties of $Cr_tFe_{1-t}As_2$, $Cr_tFe_{1-t}Sb_2$, $Fe_{1-t}Ni_tAs_2$ and $Fe_{1-t}Ni_tSb_2$, in: *Acta
       Chem. Scand.* A 33 (1979), 469-480.

[16]   R. Glaum, R. Gruehn: Zum chemischen Transport von Chrom- und
       Manganmonophosphid mit Iod. Experimente und Modellrechnungen, in:
       Z. Anorg. Allg. Chem. 573 (1989), 24-42.

[17]   D. Fischbach: Synthese und Kristallzüchtung von Verbindungen in den
       Systemen Cr/Sb und Cr/Te, *Bachelor Thesis*, BTU Cottbus - Senftenberg,
       2013.

[18]   S. Bochmann: Untersuchungen zur Reaktivität im stofflichen System Ge -
       Metall - Cl - H, *Dissertation*, TU Bergakademie Freiberg, 2008.

[19]   Japan Science and Technology Corporation, Material Phases Data
       System: *PAULING FILE, Binaries Edition*, ASM International, Materials
       Park, Ohio-USA, 2002.

[20]   I. Dellien, F. M. Hall, L. G. Hepler: Chromium, Molybdenum, and
       Tungsten: Thermodynamic Properties, Chemical Equilibria, and Standard
       Potentials, in: *Chem. Rev.* 76 (1976), 283-310.

[21]   P. Gibart: Vapor Growth of $HgCr_2Se_4$, in: *J. Cryst. Growth* 43 (1978), 21-
       27.

[22]   F. Philipp, P. Schmidt, E. Milke, M. Binnewies, S. Hoffmann: Synthesis
       of the titanium phosphide telluride Ti_2PTe_2: A thermochemical approach,
       in: *J. Solid State Chem.* 181 (2008), 758-767.

[23]   F. Philipp, P. Schmidt: The cationic clathrate $Si_{46-2x}P_{2x}Te_x$ crystal growth
       by chemical vapour transport, in: *J. Cryst. Growth* 310 (2008), 5402-
       5408.

[24]   K. Tschulik, M. Ruck, M. Binnewies, E. Milke, S. Hoffmann, W.
       Schnelle, B. P. T. Fokwa, M. Gilleßen, P. Schmidt: Chemistry and
       Physical Properties of the Phosphide Telluride Zr_2PTe_2, in: *Eur. J. Inorg.
       Chem.* (2009), 3102-3110.

[25]   F. Philipp, K. Pinkert, P. Schmidt: Phosphidtelluriden auf der Spur: Zum System Ce/Te/P, in: *Z. Anorg. Allg. Chem.* 635 (2009), 1420-1429.

[26]   M. Heimbrecht, M. Zumbusch, W. Blitz: Beiträge zur systematischen Verwandtschaftslehre. 95. Uranphosphide, in: *Z. Anorg. Allg. Chem.* 245 (1941), 391-401.

[27]   H. Schäfer: *Chemische Transportreaktionen. Der Transport anorganischer Stoffe über die Gasphase und seine Anwendungen,* Verlag Chemie GmbH, Weinheim, 1962.

[28]   M. Binnewies, E. Milke: *Thermochemical Data of Elements and Compounds,* 1. Auflage, Wiley-VCH, Weinheim, New York, Chichester, Brisbane, Singapore, Toronto, 1999.

[29]   M. Schöneich: In situ Charakterisierung der Phasenbildung - Konzept und Anwendung der Analyse von Festkörper-Gas-Reaktionen durch Gesamtdruckmessungen, *Dissertation,* TU Dresden, 2012.

[30]   C. W. Bale, A. D. Pelton, W. T. Thompson, G. Eriksson, K. Hack, P. Chartrand, S. Decterov, I-H. Jung, J. Melancon, S. Petersen: *FactSage 6.3,* Thermfact and GTT-Technologies, 1976-2012.

[31]   K. C. Mills: *Thermodynamic Data for Inorganic Sulphides, Selenides and Tellurides,* Butterworths, London, 1974.

[32]   K. Nocker, R. Gruehn: Zum chemischen Transport von CrOCl und Cr_2O_3 - Experimente und Modellrechnungen zur Beteiligung von $CrOCl_{2,g}$, in: *Z. Anorg. Allg. Chem.* 619 (1993), 699-710.

[33]   K. Swaminathan, O. M. Sreedharan: Determination of thermodynamic stability of $CrSbO_4$ using oxide solid electrolyte, in: *J. Nucl. Mater.* 275 (1999), 225-230.

[34]   I. Barin: *Thermochemical Data of Pure Substances,* Third Edition, VCH-Verlagsgesellschaft mbH, Weinheim, New York, Basel, Cambridge, Tokyo, 1995.

[35]   A. Misra, P. Marshall: Computional Investigation of Iodine Oxides, in: *J. Phys. Chem. A* 102 (1998), 9056-9060.

[36]   N. Kaltsoyannis, J. M. C. Plane: Quantum chemical calculations on a selection of iodine-containing species (IO, OIO, INO_3, $(IO)_2$, I_2O_3, I_2O_4 and I_2O_5) of importance in the athmosphere, in: *Phys. Chem. Chem. Phys.* 10 (2008), 1723-1733.

[37]   I. Grenthe, J. Fuger, R. J. M. Konings, R. J. Lemire, A. B. Muller, C. Nguyen-Trung, H. Wanner: *Chemical thermodynamics of Uranium,* OECD, 2004.

[38] K. A. Gingerich: Verdampfung und Stabilität von Monophosphiden einiger Übergangsmetalle, in: *Angew. Chem.* 13 (1964), 582.

[39] L. R. Morss, N. M. Edelstein, J. Fuger: *The Chemistry of the Actinide and Transactinide Elements*, Third Edition, Springer, Dordrecht, Niederlande, 2008.

[40] M. A. Hutchins, H. Wiedemeier: The Equilibrium Partial Pressure of HgI_2 over and Thermodynamic Properties of $Hg_3Te_2I_2$, in: *Z. Anorg. Allg. Chem.* 632 (2006), 211-227.

[41] V. P. Itkin, C. B. Alcock: The O-Te (Oxygen-Tellurium) System, in: *J. Phase Equilib.* 17 (1996), 533-538.

[42] H. Oppermann, G. Kunze, E. Wolf, G. A. Kokovin, I. M. Sitschova, G. E. Osipova: Untersuchungen zum System Te/O/I, in: *Z. Anorg. Allg. Chem.* 461 (1980), 165-172.

[43] P. Schmidt, H. Dallmann, G. Kadner, J. Krug, F. Philipp, K. Teske: The Themochemical Behaviour of $Te_8O_{10}(PO_4)_4$ and its Use for Phosphide Telluride Synthesis, in: *Z. Anorg. Allg. Chem.* 635 (2009), 2153-2161.

[44] Z. Singh, S. Dash, K. Krishnan, R. Prasad, V. Venugopal: Standard molar Gibbs energy of formation of $UTeO_5(s)$ by the electrochemical method, in: *J. Chem. Thermodyn.* 31 (1999), 197-204.

[45] R. Mishra, P. N. Namboodiri, S. N. Tripathi, S. R. Bharadwaj, S. R. Dharwadkar: Vaporization behaviour and Gibbs' energy of formation of $UTeO_5$ and UTe_3O_9 by transpiration, in: *J. Nucl. Mater.* 256 (1998), 139-144.

A Anhang

A.1 Tabellen der verwendeten thermodynamische Daten

Die mit * gekennzeichneten Einträge wurden zusätzlich angepasst oder abgeschätzt, um Konsistenz zu gewährleisten. Wenn die C_P-Funktionen mit vier Parametern gegeben waren, wurde eine Umrechnung auf drei Parameter vorgenommen. Dazu wurden die C_P-Werte gegen die Temperatur aufgetragen und die neue Funktion mit dem Programm *Origin Pro 8* angepasst. Diese Umrechnung wurde benötigt, um die Funktionen in *TRAGMIN* einzugeben, da hier nur drei Parametern implementiert sind.

Tab. 8: thermodynamische Daten der unären Spezies (Koeffiziente a, b und c der C_P-Funktion gemäß Gleichung (20))

Verbindung	$\Delta_B H^{\circ}_{298}$ kJ/mol	$\Delta_B S^{\circ}_{298}$ J/(mol·K)	a J/(mol·K)	b J/(mol·K^2)	c J·K/mol	Quelle
Cl(g)	121,294	165,184	23,736	−1,284	−1,260	[14]
Cl$_2$(g)	0	223,078	36,610	1,079	−2,720	[14]
Cr(s)	0	23,640	15,000	18,040	3,173	[14]
Cr(l)	16,503	20,106	39,330			[14]
Cr(g)	397,480	174,310	15,375	4,830	4,265	[14]
Cr$_2$(g)	653,400	228,900	34,650			[28]
I(g)	106,775	180,782	20,393	0,402	0,290	[14]
I$_2$(s)	0	116,135	30,125	81,630		[14]
I$_2$(g)	62,190	260,161	37,254	0,778	−0,500	[14]
N$_2$(g)	0	191,610	30,418	2,544	−0,238	[14]
O(g)	249,169	161,259	20,790	0,018	1,031	[14]
O$_2$(g)	0	205,146	32,274	2,680	−4,001	[14]
O$_3$(g)	142,674	238,932	54,258	2,004	−15,560	[14]
P(weiß, β)	0	41,091	13,899	33,125		[14]
P(rot)	−17,489	22,803	16,736	14,895		[14]
P(violett)	−24,660*	15,900	16,736	14,895		[29]
P(schwarz)	−25,845*	15,200	21,500			[29]
P(l)	0,615	43,026	26,326			[14]
P(g)	333,883	163,201	20,669	0,172		[14]
P$_2$(g)	144,301	218,129	36,296	0,799	−4,140	[14]
P$_3$(g)	210,000	263,523	61,367*	0,384*	−8,805*	[30]
P$_4$(g)	59,119	279,981	81,839	0,678	−13,430	[14]
Sb(s)	0	45,522	30,514	−15,498	−2,010	[14]
Sb(l)	17,528	62,696	31,380			[14]
Sb(g)	265,516	180,263	20,786			[14]
Sb$_2$(g)	231,207	254,914	37,405		−1,000	[14]
Sb$_3$(g)	294,808	344,189	58,193*	0,004*	−0,872*	[30]
Sb$_4$(g)	206,522	350,109	83,094	0,013	−2,090	[14]
Te(s)	0	49,706	19,121	22,092		[14]
Te(l)	13,488	65,582	37,656			[14]
Te(g)	211,710	182,699	19,414	1,841	0,750	[14]
Te$_2$(g)	160,372	262,153	34,644	6,615	−0,250	[14]
Te$_3$(g)	203,223	335,942	58,187*	0,005*	−1,502*	[30]
Te$_4$(g)	217,322	379,093	83,119*	0,009*	−2,549*	[30]
Te$_5$(g)	184,100	462,800	88,702*	15,070*	0,250*	[31]
Te$_6$(g)	226,561	491,477	133,019*	0,004*	−2,570*	[30]
Te$_7$(g)	254,236	558,072	157,959*	0,005*	−3,133*	[30]
U(A)	0	50,374	9,937*	39,280*	5,438*	[14]

Verbindung	$\Delta_B H^\circ_{298}$ kJ/mol	$\Delta_B S^\circ_{298}$ J/(mol·K)	a J/(mol·K)	b J/(mol·K²)	c J·K/mol	Quelle
U(B)	−1,538	43,410	42,928			[14]
U(C)	6,715	53,800	38,284			[14]
U(l)	4,564	44,928	47,907			[14]
U(g)	521,217	199,677	16,992*	7,760*	4,722*	[14]

Tab. 9: thermodynamische Daten der binären und ternären Chrom-Spezies (Koeffiziente a, b und c der C_P-Funktion gemäß Gleichung (20))

Verbindung	$\Delta_B H^\circ_{298}$ kJ/mol	$\Delta_B S^\circ_{298}$ J/(mol·K)	a J/(mol·K)	b J/(mol·K²)	c J·K/mol	Quelle
CrCl(g)	129,900	249,790	35,049*	1,750*	1,477*	[30]
CrCl₂(s)	−406,120	114,300	63,765	22,190		[32]
CrCl₂(l)	−365,660	128,201	100,416			[14]
CrCl₂(g)	−140,676	303,543	60,169	2,219	−2,772	[32]
Cr₂Cl₄(g)	−487,762	473,527	128,706	4,446	−5,543	[32]
CrCl₃(s)	−563,543	125,604	81,391	29,433		[32]
CrCl₃(l)	−510,000	177,445	84,916	32,074	−2,381	[30]
CrCl₃(g)	−326,989	322,384	82,899		−10,886	[32]
CrCl₄(g)	−437,521	352,529	106,596	1,005	9,881	[32]
CrCl₅(g)	−389,600	407,160	137,872*	−1,730*	−12,705*	[30]
CrCl₆(g)	−345,300	414,950	157,618*	0,137*	−12,612*	[30]
CrI(g)	216,525	274,687	35,939*	1,760*	0,396*	[30]
CrI₂(s)	−158,261	154,493	89,179	2,939	−12,560	[16]
CrI₂(l)	−59,704	293,495	108,857			[16]
CrI₂(g)	107,266	353,659	60,709	2,441		[16]
Cr₂I₄(g)	10,132	574,136	129,791	4,899		[16]
CrI₃(s)	−205,016	199,577	105,437	20,920		[14]
CrI₃(g)	48,860	408,339	68,873	3,262	−16,747	[16]
CrI₄(g)	8,332	467,624	108,103	0,042	−3,362	[16]
Cr₂O(g)	274,443	295,131	56,550*	0,623*	−9,223*	[30]
CrO(l)	−274,955	90,113	48,258*	3,380*	−7,554*	[30]
CrO(g)	188,280	239,266	35,422	1,406	−4,020	[14]
Cr₂O₂(g)	−93,266	305,611	80,183*	1,120*	−19,609*	[30]
Cr₂O₃(s)	−1140,558	81,170	109,650	15,456		[14]
Cr₂O₃(l)	−1018,400	125,600	101,760			[28]
Cr₂O₃(g)	−327,341	354,449	104,626*	1,310*	−20,587*	[30]
Cr₃O₄(s)	−1417,465	169,420	167,839*	12,750*	−25,179*	[30]
CrO₂(s)	−597,894	51,045	94,558*	17,150*	0,0001*	[31]
CrO₂(g)	−75,312	269,240	52,844	2,753	−9,120	[14]
CrO₃(s)	−587,015	73,220	71,756	87,864	−16,740	[14]
CrO₃(g)	−292,880	266,199	75,709	3,841	−18,540	[14]
Cr₅O₁₂(s)	−2935,076	297,064	366,937*	74,270*	−68,116*	[30]
Cr₈O₂₁(s)	−4677,712	512,958	614,630*	139,330*	−120,499*	[30]
CrSb(s)	−27,000	69,000	40,597	22,990	1,353	abgeschätzt
CrSb₂(s)	−30,440	114,000	60,263	34,890	3,225	abgeschätzt
CrOCl(s)	−566,474	68,245	66,947	12,883	5,221	[32]
CrOCl(g)	−101,059	288,713	60,721*	1,090*	−13,082*	[30]
CrO₂Cl(g)	−342,683	311,144	77,802*	3,530*	−13,955*	[30]
CrOCl₂(g)	−360,693	311,079	81,530	0,862	−8,935	[32]
CrOCl₃(g)	−472,226	357,378	105,649*	1,070*	−13,877*	[30]
CrOCl₄(g)	−452,643	373,732	131,254*	0,673*	−15,948*	[30]
CrO₂Cl₂(l)	−579,500	221,798	156,900			[14]
CrO₂Cl₂(g)	−538,422	329,920	106,680		−19,887	[32]
CrOI₂(g)	−215,100	357,300	81,480	0,860	−8,900	[28]
CrO₂I₂(g)	−330,100	363,200	106,610		−19,900	[28]
CrSbO₄(s)	−1138,398	103,052	125,489*	5,860*	−10,065*	[33]

Tab. 10: thermodynamische Daten der binären und ternären Antimon-Spezies (Koeffiziente a, b und c der C_p-Funktion gemäß Gleichung (20))

Verbindung	$\Delta_B H^{\circ}_{298}$ kJ/mol	$\Delta_B S^{\circ}_{298}$ J/(mol·K)	a J/(mol·K)	b J/(mol·K²)	c J·K/mol	Quelle
SbCl(g)	−10,665	246,965	36,611	0,836	−1,172	[34]
SbCl₃(s)	−382,170	184,100	40,166	225,936		[14]
SbCl₃(l)	−369,005	218,287	123,428			[34]
SbCl₃(g)	−313,105	339,096	82,375	0,703	−5,190	[14]
SbCl₅(l)	−440,198	301,001	158,992			[14]
SbCl₅(g)	−399,396	401,773	131,754	0,669	−17,200	[14]
SbI₃(s)	−100,416	218,907	71,793	85,998	0,590	[14]
SbI₃(l)	−83,437	254,189	143,930			[14]
SbI₃(g)	6,757	404,994	83,040	0,117	−1,170	[14]
SbO(g)	−103,500	238,346	35,438*	3,510*	−4,142*	[34]
Sb₄O₆(s)	−1417,539	246,019	228,028	16,636	−26,860	[14]
Sb₄O₆(g)	−1215,535	444,199	217,635	14,108	−34,730	[14]
Sb₂O₄(s)	−907,509	126,984	99,809	49,815		[14]
Sb₂O₅(s)	−993,746	124,934	141,327	−3,732	−20,130	[14]
SbO₂(g)	85,000	279,524	56,466*	0,656*	−10,153*	[30]
SbOCl(s)	−374,050	107,529	67,989*	21,970*	0,0004*	[34]

Tab. 11: thermodynamische Daten der binären Halogen-Spezies (Koeffiziente a, b und c der C_P-Funktion gemäß Gleichung (20))

Verbindung	$\Delta_B H^\circ_{298}$ kJ/mol	$\Delta_B S^\circ_{298}$ J/(mol·K)	a J/(mol·K)	b J/(mol·K^2)	c J·K/mol	Quelle
IO(g)	126,000	239,600	32,900			[28]
OIO(g)	159,300	281,500	46,700			[28]
IOO(g)	116,500	296,400	48,730			[28]
IO$_3$(g)	241,900	293,000	61,560			[28]
IOI(g)	119,500	308,100	51,870			[28]
IIO(g)	106,700	330,600	52,360			[28]
IOIO(g)	141,300	349,700	70,100			[35]
IOOI(g)	179,900	337,000	69,800			[35]
OI(I)O(g)	157,900	356,300	70,000			[35]
IIO$_2$(g)	103,000	339,900	67,600			[35]
I$_2$O$_4$(s)	111,300	526,427	91,882*	89,110*	−5,640*	[36]
I$_2$O$_5$(s)	33,000	629,000	107,321*	90,980*	−7,494*	[36]
I$_2$O$_6$(s)	50,000	731,573	122,761	92,850	−8,459	abgeschätzt
I$_4$O$_9$(s)	100,000	1155,427	199,203	180,080	−12,689	abgeschätzt

Tab. 12: thermodynamische Daten der binären Uran-Spezies (Koeffiziente a, b und c der C_P-Funktion gemäß Gleichung (20))

Verbindung	$\Delta_B H^\circ_{298}$ kJ/mol	$\Delta_B S^\circ_{298}$ J/(mol·K)	a J/(mol·K)	b J/(mol·K^2)	c J·K/mol	Quelle
UI(g)	341,000	286,000	37,385*	8,160*	5,012*	[37]
UI$_2$(g)	100,000	376,000	52,246*	8,540*	4,222*	[37]
UI$_3$(s)	−460,700	221,999	102,968	30,543		[14]
UI$_3$(g)	−140,000	428,000	74,639*	8,940*	4,512*	[37]
UI$_4$(s)	−512,1000	263,600	149,369	9,958	−15,900	[14]
UI$_4$(l)	−478,593	299,033	165,686			[14]
UI$_4$(g)	−308,540	494,001	107,422*	0,501*	0,088*	[14]
UP$_2$(s)	−295,000*	101,700	70,919	30,292		[14]
U$_3$P$_4$(s)	−837,000*	258,600	155,268	65,856		[14]
UP(s)	−267,997*	78,199	31,905	25,970	11,917	[14]
UP(g)	927,800	322,300	37,661*	7,930*	4,722*	[38]
UO(g)	30,500	248,800	37,782*	7,780*	5,753*	[37]
U$_2$O$_2$(g)	388,500	388,700	75,564*	15,560*	11,505*	[28]
UO$_2$(s)	−1060,000*	77,027	77,898	8,979	−15,100	[14]
UO$_2$(g)	−476,678	274,600	51,124	4,155	−0,880	[14]
U$_4$O$_9$(s)	−4510,000*	330,000*	356,268	35,438	−66,400	[14]
U$_3$O$_8$(α, s)	−3574,809	274,000*	282,420	36,945	−49,960	[14]
U$_3$O$_7$(s)	−3436,000	250,530	249,133*	28,810*	−46,710*	[37]
UO$_3$(s)	−1226,468	98,788	90,374	11,046	−11,090	[14]
UO$_3$(g)	−799,200	309,500	65,403*	11,780*	−1,280*	[37]
U$_2$O$_3$(s)	−1650,000*	136,000*	140,357*	16,090*	−28,790*	[39]
U$_2$O$_3$(g)	807,500	431,400	96,354*	15,570*	12,536*	[28]
U$_2$O$_4$(g)	1263,000	434,100	102,248*	8,310*	−1,760*	[28]
U$_2$O$_5$(g)	−1803,061	427,467	155,938*	3,320*	−31,937*	[30]
U$_2$O$_6$(g)	−2259,634	387,304	177,415*	2,130*	−44,304*	[30]
UTe(s)	−182,400	107,500	45,228*	29,320*	2,257*	[28]
UTe(g)	437,600	282,100	37,350	0,030	−1,300	[28]
U$_3$Te$_4$(s)	−630,000	372,200	154,806*	110,060*	6,771*	[28]
U$_2$Te$_3$(s)	−444,940	264,700	109,577*	80,740*	4,514*	[28]
U$_3$Te$_5$(s)	−688,200	421,900	173,927*	132,150*	6,771*	[28]
UTe$_{1,87}$(s)	−236,340	150,700	61,864	48,540	2,257	abgeschätzt
UTe$_2$(α, s)	−240,060	157,200	64,349*	51,410*	2,257*	[28]
U$_2$Te$_5$(s)	−497,000	364,100	147,819	124,920	4,514	abgeschätzt
UTe$_3$(s)	−256,500	206,900	83,470*	73,510*	2,257*	[28]
UTe$_5$(s)	−258,340	306,300	121,712	117,690	2,257	abgeschätzt

Tab. 13: thermodynamische Daten der binären und ternären Tellur-Spezies (Koeffiziente a, b und c der C_p-Funktion gemäß Gleichung (20))

Verbindung	$\Delta_B H^{\circ}_{298}$ kJ/mol	$\Delta_B S^{\circ}_{298}$ J/(mol·K)	a J/(mol·K)	b J/(mol·K²)	c J·K/mol	Quelle
Te₂I₂(g)	69,040	420,271	88,048			[40]
TeI(α, s)	-15,580*	108,773	42,412	38,435		[40]
TeI(g)	129,079	266,992	37,439*	0,369*	-0,639*	[40]
TeI₂(g)	136,071	346,123	58,207*	0,015*	-1,228*	[40]
TeI₃(g)	188,113	400,258	85,076			[40]
TeI₄(δ, s)	-59,350*	282,000*	79,369*	185,340*		[40]
TeI₄(l)	13,480	417,597	305,218			[40]
TeI₄(g)	57,024	456,487	108,195*	0,009*	-1,851*	[40]
TeI₅(g)	316,229	466,326	123,092			[40]
TeI₆(g)	333,227	470,303	142,100			[40]
TeO(g)	74,475	240,689	35,313	1,339	-3,470	[14]
Te₂O₂(g)	-108,784	327,298	82,111	0,556	-11,80	[14]
TeO₂(s)	-323,423	74,308	65,187	14,560	-5,020	[14]
TeO₂(l)	-322,869	52,397	112,633	2,176		[14]
TeO₂(g)	-61,320	274,998	54,769	2,414	-11,840	[14]
(TeO₂)₂(g)	-347,272	376,669	131,754	0,669	-17,200	[14]
Te₂O₅(s)	-720,000*	132,700	121,467	83,213	-12,069	[41]
TeO₃(s)	-380,00*	63,480	67,941	48,649	-9,757	[41]
TeP(g)	231,359	250,859	42,230*	-1,220*	-6,383*	[30]
TeOI₂(g)	-41,870	373,460	84,155	1,934	2,470	[42]
TeP₂O₇(s)	-1925,900	174,000	156,000	159,098	-2,870	[43]
Te₂P₂O₉(s)	-2264,400	249,100	237,199	155,900	-4,180	[43]
Te₃O₃(PO₄)₂(s)	-2594,400	329,300	318,301	152,701	-5,490	[43]
Te₈O₁₀(PO₄)₄(s)	-5844,000	823,300	798,921	299,040	-1,360	[43]

Tab. 14: thermodynamische Daten der binären Phosphor-Spezies (Koeffiziente a, b und c der C_p-Funktion gemäß Gleichung (20))

Verbindung	$\Delta_B H^{\circ}_{298}$ kJ/mol	$\Delta_B S^{\circ}_{298}$ J/(mol·K)	a J/(mol·K)	b J/(mol·K²)	c J·K/mol	Quelle
PI₃(g)	-17,991	374,372	82,843		-3,850	[14]
P₂I₄(g)	-6,280	481,482	126,441	5,568		[16]
PO(g)	-23,300	222,800	31,800			[28]
P₄O₆(l)	-2263,828	229,107	238,488			[14]
P₄O₆(g)	-2214,290	345,745	216,355	8,665	-67,950	[14]
PO₂(g)	-276,600	252,111	53,208	2,619	-11,510	[14]
P₂O₅(l)	-1498,100	117,200	156,900			[28]
P₄O₁₀(s)	-3009,969	240,000*	149,787	324,678	-31,210	[14]
P₄O₁₀(g)	-2902,076	406,697	292,830	19,192	-107,150	[14]
P₂O₃(g)	-684,645	312,692	99,228*	3,280*	-25,076*	[30]
P₂O₄(g)	-933,755	312,907	121,791*	4,190*	-35,957*	[30]
P₃O₆(g)	-1575,681	376,072	206,529*	5,200*	-67,423*	[30]
P₄O₇(s)	-2092,341	201,945	101,376	320,660	-25,208	abgeschätzt
P₄O₇(g)	-1984,448	379,861	243,668*	5,320*	-79,797*	[30]
P₄O₈(s)	-2410,107	217,027	117,513	322,000	-27,209	abgeschätzt
P₄O₈(g)	-2302,214	394,943	264,365*	6,890*	-89,968*	[30]
P₄O₉(s)	-2721,872	224,576	133,650	323,340	-29,209	abgeschätzt
P₄O₉(g)	-2613,979	402,492	285,693*	8,240*	-100,740*	[30]

Tab. 15: thermodynamische Daten der ternären Uran-Spezies (Koeffiziente a, b und c der C_p-Funktion gemäß Gleichung (20))

Verbindung	$\Delta_B H^{\circ}_{298}$ kJ/mol	$\Delta_B S^{\circ}_{298}$ J/(mol·K)	a J/(mol·K)	b J/(mol·K^2)	c J·K/mol	Quelle
UOI(s)	−709,496	131,770	56,609	49,910	0,847	abgeschätzt
UOI(g)	−421,190	331,231	51,058	10,020	3,062	abgeschätzt
UO$_2$(IO$_3$)$_2$(s)	−1935,478	561,332	179,746*	103,810*	−9,022*	[37]
UOI$_2$(s)	−830,000	190,000	71,672	90,730	0,847	abgeschätzt
UOI$_2$(g)	−541,694	376,199	69,685	10,410	2,812	abgeschätzt
UOI$_4$(s)	−967,739	305,853	101,797	172,360	0,847	abgeschätzt
UOI$_4$(g)	−675,380	490,127	106,939	11,190	2,312	abgeschätzt
UO$_2$I$_2$(s)	−1120,000	185,830	87,111	92,600	−0,563	abgeschätzt
UO$_2$I$_2$(g)	−835,747	400,480	85,124	12,280	1,402	abgeschätzt
UP$_2$O$_7$(α, s)	−2852,000	206,000*	188,566*	48,120*	−22,149*	[37]
U(UO$_2$)(PO$_4$)$_2$(s)	−4128,000	305,000	260,991	60,950	−24,122	abgeschätzt
(UO$_2$)$_3$(PO4)$_2$(s)	−5491,300	410,000	390,680*	71,680*	−56,579*	[37]
(UO$_2$)$_2$P$_2$O$_7$(s)	−4232,600	315,000*	297,343*	60,830*	−40,069*	[37]
U(PO$_3$)$_4$(s)	−4400,000	320,000	227,685	333,660	−46,310	abgeschätzt
U$_2$O(PO$_4$)$_2$(s)	−4000,000	270,000	230,690	180,300	−45,805	abgeschätzt
U$_2$(PO$_4$)(P$_3$O$_{10}$)(s)	−5700,000	395,000	305,583	342,640	−61,410	abgeschätzt
UPO$_5$(s)	−2064,000	137,000	130,496*	30,475*	−12,061*	[37]
UPTe(s)	−495,000	126,309	61,964	44,210	2,257	abgeschätzt
UTeO$_5$(s)	−1620,000*	165,990	151,754*	0,037*	−18,061*	[44]
UTe$_3$O$_9$(s)	−2300,000*	300,000*	282,128*	29,160*	−28,101*	abgeschätzt
UTe$_3$O$_8$(s)	−2223,735	299,951*	273,459*	52,660*	−30,160*	[45]
UTeO$_4$(s)	−1569,072	151,335*	117,401*	29,020*	−0,506*	[45]
UOTe(s)	−1200,000*	113,000*	64,912*	22,350*	−3,371*	abgeschätzt
U$_4$O$_4$Te$_3$(s)	−4600,000*	401,869*	259,649*	89,410*	−13,349*	abgeschätzt
U$_2$O$_2$Te(s)	−2100,000*	175,056*	129,824*	44,710*	−6,674*	abgeschätzt

A.2 Mit *TRAGMIN* berechnete ternäre Zustandsdiagramme

A.2.1 Ternäre Zustandsdiagramme im System Cr/Sb/Cl/O bei 298 K

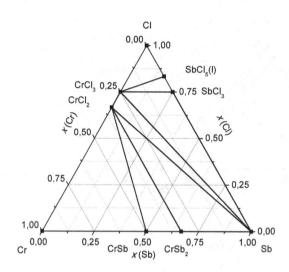

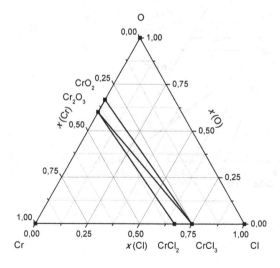

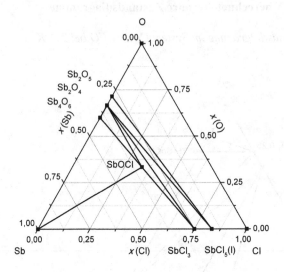

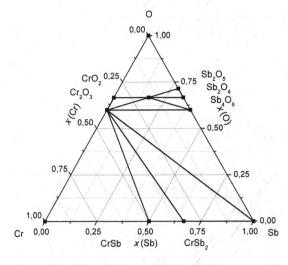

A.2.2 Ternäre Zustandsdiagramme im System Cr/Sb/I/O bei 298 K

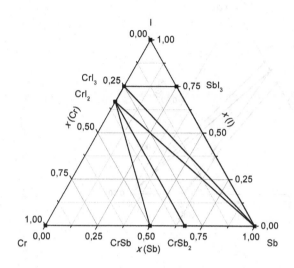

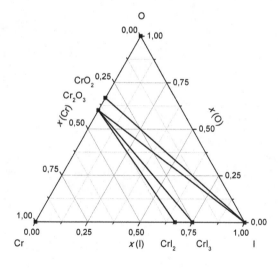

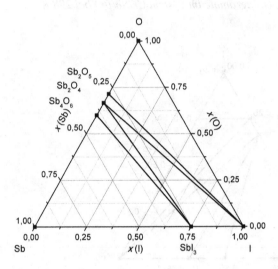

A.2.3   Ternäre Zustandsdiagramme im System U/Te/P/I/O bei 298 K

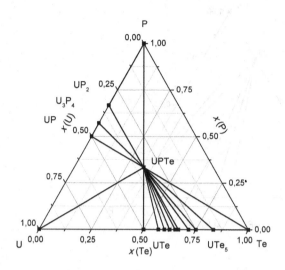

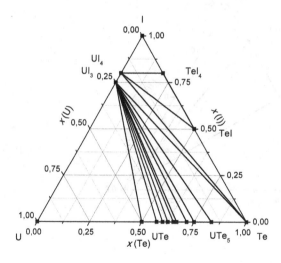

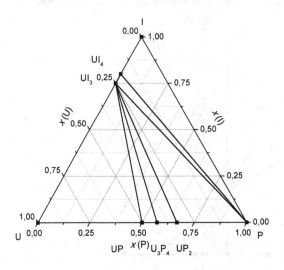

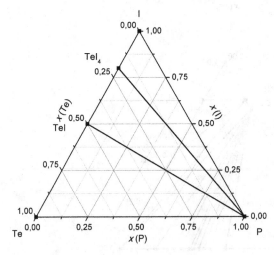

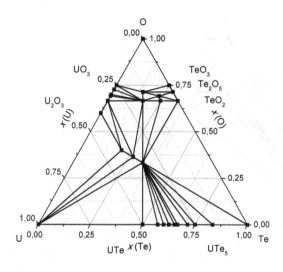

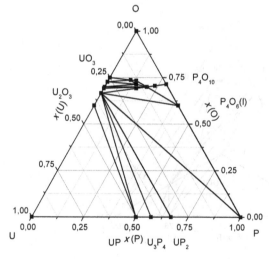

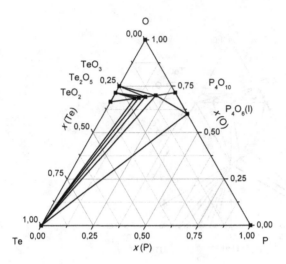

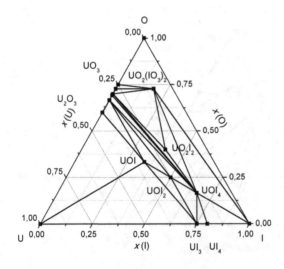

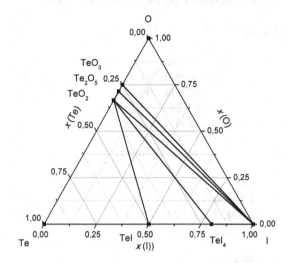

A.3   Messmethode für Diffraktometer *D2 Phaser* (*Bruker AXS*)

Methode: Standard10-90_lang
Scan Parameter:

Probenrotation	30 rpm
Start	$10,000°\ 2\Theta$
Stop	$90,008°\ 2\Theta$
Schrittweite	$0,020291150°\ 2\Theta$
Anzahl Schritte	3943
Zeit pro Schritt	0,5 s
Gesamte Scan-Zeit	00:32:54 hh:mm:ss

Röhre:

Element	Cu
$K\alpha_1$	1,54060 Å
$K\alpha_2$	1,54439 Å
$K\beta$	1,39222 Å

Generator:

Spannung	30 kV
Stromstärke	10 mA
Detektor:	LYNXEYE
	5° Öffnung
$K\beta$-Filter:	Ni 0,5

A.4   Diffraktogramme der Kristallisationsexperimente von CrSb₂

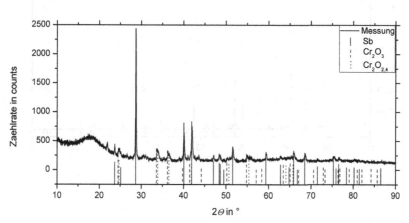

Abb. 75: Versuch 1, oxidierter Quellenbodenkörper

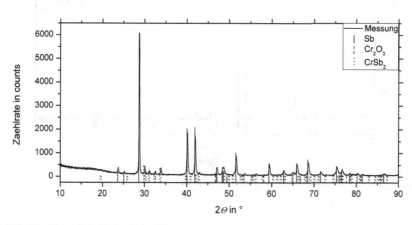

Abb. 76: Versuch 1, Senkenbodenkörper

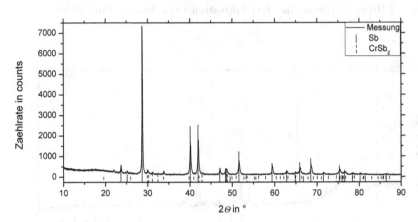

Abb. 77: Versuch 2, Quellenbodenkörper

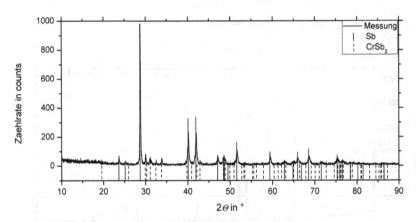

Abb. 78: Versuch 2, Senkenbodenkörper, CrI₂ entfernt

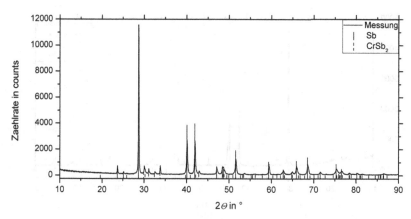

Abb. 79: Versuch 3, silberweiße Kugeln nach Entfernen der oberflächlich anhaftenden, grauen Kristalle

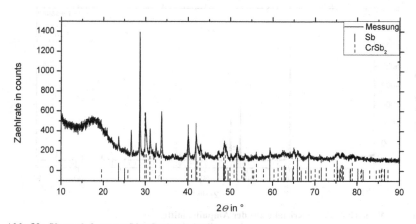

Abb. 80: Versuch 3, graue Oberflächenkristalle

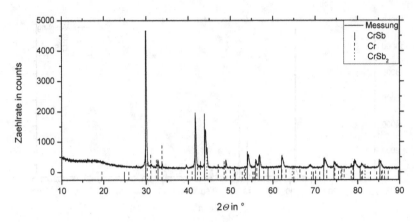

Abb. 81: Versuch 4, Senkenbodenkörper

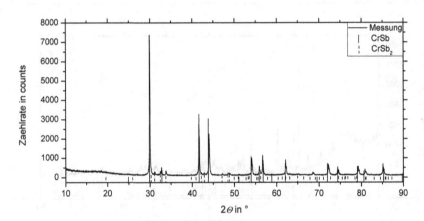

Abb. 82: Versuch 4, kleine Kristalle aus der Ampullenmitte

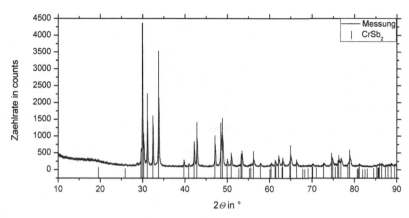

Abb. 83: Versuch 4, phasenreine CrSb₂-Kristalle aus der Senke

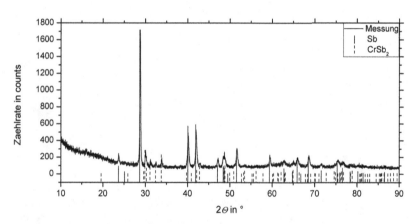

Abb. 84: Versuch 4, Senkenbodenkörper

Abb. 83. ...

Abb. 84. Vergleich ... Einzelmessungen ...